Springer
Milano
Berlin
Heidelberg
New York
Barcelona
Hong Kong
London
Paris
Tokyo

G. Giavini · E. Menegola · M.L. Broccia · G. Scarì

Atlante di Anatomia Macroscopica dei Vertebrati

Springer

Erminio Giavini
Elena Menegola
Maria Luisa Broccia
Giorgio Scarì
Università degli Studi di Milano
Dipartimento di Biologia
Via Celoria 26
Milano

Springer-Verlag Italia
una Società del gruppo BertelsmannSpringer Science+Business Media GmbH

http:/www.springer.it

© Springer-Verlag Italia, Milano 2002

ISBN 88-470-0113-7

Quest'opera è protetta dalla legge sul diritto d'autore. Tutti i diritti, in particolare quelli relativi alla traduzione, alla ristampa, all'[utili]lizzo di illustrazioni e tabelle, alla citazione orale, alla trasmissione radiofonica o televisiva, alla registrazione su microfilm o in d[ata]base, o alla riproduzione in qualsiasi altra forma (stampata o elettronica) rimangono riservati anche nel caso di utilizzo parziale[. La] riproduzione di quest'opera, anche se parziale, è ammessa solo ed esclusivamente nei limiti stabiliti dalla legge sul diritto d'autore [ed è] soggetta all'autorizzazione dell'editore. La violazione delle norme comporta le sanzioni previste dalla legge.

L'utilizzo in questa pubblicazione di denominazioni generiche, nomi commerciali, marchi registrati, ecc. anche se non specificame[nte] identificati, non implica che tali denominazioni o marchi non siano protetti dalle relative leggi e regolamenti.

Progetto grafico della copertina: Simona Colombo, Milano
Fotocomposizione, impaginazione e stampa: Centro Grafico Ambrosiano, San Donato Milanese (MI)

SPIN: 10782793

Indice

Prefazione V

Condroitti 1

Osteitti 11

Anfibi 19

Rettili 25

Uccelli 31

Mammiferi placentati 39

Prefazione

L'insegnamento dell'Anatomia Comparata dei Vertebrati pone, generalmente, l'accento sulle evidenze morfofunzionali delle diverse parti anatomiche sottolineandone gli aspetti più rilevanti per una chiave di lettura filogenetica ed adattativa. Il risultato è che, spesso, nei testi di Anatomia Comparata predominano figure schematiche, molto belle e didatticamente valide, dei diversi organi che sono però avulsi dalla visione complessiva della struttura dell'animale. Ne consegue che, frequentemente, lo studente conosce molto bene come è fatto istologicamente un rene di un Vertebrato ma ne ignora la forma e la localizzazione nel corpo dell'animale.

Noi riteniamo, viceversa, che anche l'anatomia macroscopica degli organi e la loro topografia siano da tenere in debito conto per avere un'idea realistica e complessiva di come è fatto un Vertebrato. Quest'opera, quindi, non ha la velleità di sostituire gli ottimi manuali di Anatomia Comparata attualmente sul mercato, quanto di colmare una lacuna perpetuatasi per anni che ha fatto sì che molti giovani laureati in Scienze Biologiche o in Scienze Naturali non avessero la minima idea della morfologia e della posizione di organi che così bene conoscevano anche con approfondimenti di microscopia elettronica. Essa, dunque, si affianca ai ponderosi testi di Anatomia Comparata come supporto didattico, tenuto conto anche delle sempre maggiori difficoltà incontrate nello svolgimento di esercitazioni di laboratorio basate sulla dissezione di animali. Per questa ragione il testo è ridotto all'essenziale, delineando solo alcuni caratteri fondamentali di ciascuna classe dei Vertebrati (esclusi gli Agnati), mentre si è voluto dare il massimo spazio alle immagini. La speranza è che questo atlante possa contribuire a migliorare le conoscenze anatomiche degli studenti e a dare un nuovo supporto didattico ai docenti.

Erminio Giavini
Elena Menegola
Maria Luisa Broccia
Giorgio Scarì   Milano, Maggio 2002

Condroitti

I Condroitti (pesci cartilaginei) non possiedono tessuto osseo a livello scheletrico. Viene descritta a titolo esemplificativo la sottoclasse degli Elasmobranchi o Selaci. Sono animali quasi tutti marini caratterizzati da cute scabrosa perché dotata di scaglie placoidi di origine ectomesodermica la cui base, approfondata nel derma, è sormontata da un dentello di smalto sporgente dall'epidermide ed aggettante caudalmente.

Il corpo fusiforme possiede una o due pinne dorsali ed una pinna caudale eterocerca (pinne impari). Le pinne pari sono costituite da un paio di pinne pettorali ed un paio di pinne pelviche, caudali all'orificio cloacale e differenti nei due sessi poiché nel maschio formano l'organo copulatorio. Il muso si prolunga in un rostro e la bocca è ventrale, anteriormente ad essa si aprono le due narici.

Gli occhi, provvisti di una membrana nittitante, sono laterali. La prima fessura branchiale (spiracolo), non contiene strutture respiratorie e viene utilizzata per introdurre acqua nella cavità faringea. Le successive fessure branchiali, anch'esse laterali, sono in genere 5 paia, non sono provviste di opercolo e portano lamelle branchiali sostenute da un setto cartilagineo (branchie tabulari).

L'apparato digerente comprende un'ampia cavità boccale tappezzata da numerosi denti e provvista di una lingua priva di muscolatura propria. Si continua indietro nel faringe, organo respiratorio aperto lateralmente con le fessure branchiali. Il faringe prosegue in un corto esofago che si apre in uno stomaco a forma di ansa, con un tratto discendente (cardiale) ed uno ascendente (pilorico). L'intestino è corto e rettilineo, caratterizzato all'interno da un'ampia piega a decorso elicoidale (valvola spirale) con la funzione di aumentare la superficie assorbente e rallentare la progressione del contenuto intestinale.

Il fegato è voluminoso, di norma bilobato, dotato di cistifellea e molto ricco in grassi. Il pancreas, compatto e voluminoso, è localizzato tra il tratto pilorico dello stomaco e l'inizio dell'intestino.

Il sistema circolatorio è tipicamente semplice, con un cuore venoso in cui si distinguono da dietro in avanti un seno venoso, un atrio, un ventricolo che si prolunga in un cono arterioso la cui superficie interna è provvista di numerose valvole. Il cono arterioso si continua nell'aorta ventrale che porta il sangue venoso all'apparato branchiale.

L'apparato escretore è costituito da un tipico opistonefro, molto allungato, la cui porzione più cefalica è collegata, nel maschio, al testicolo attraverso alcuni dotti deferenti.

Nelle femmine gli ovari sono voluminose strutture dotate di numerosi oociti ricchi di tuorlo, con un ovidutto indipendente dai dotti renali.

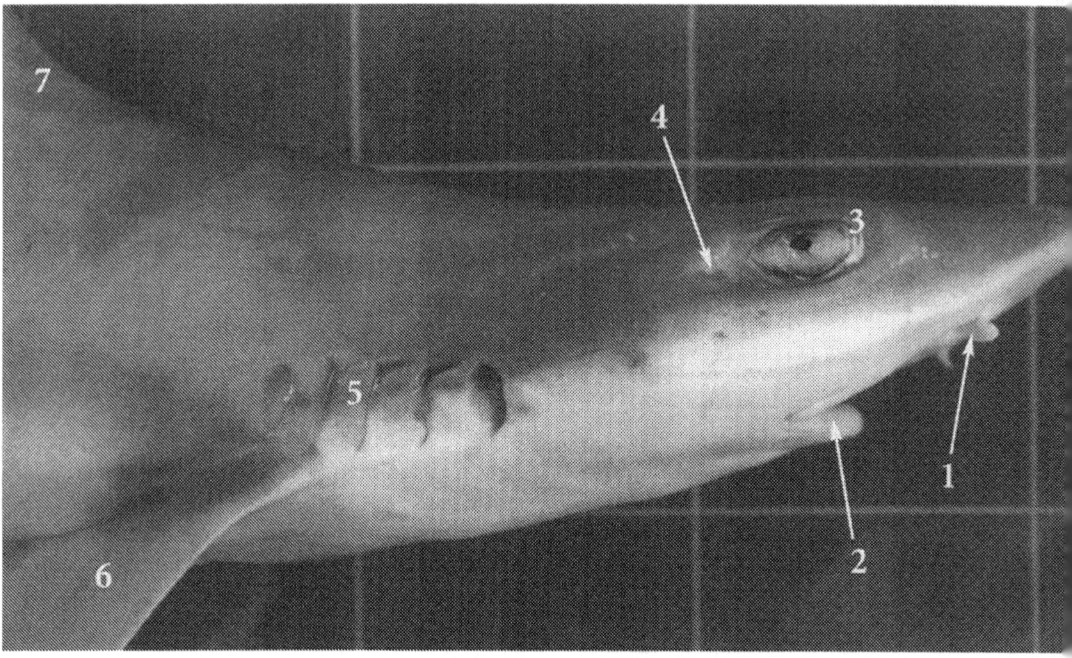

Fig. 1. ASPETTO ESTERNO LATERALE DEL CAPO
Visione laterale della porzione cefalica del selaco *Scyliorhinus canicula* (gattuccio). Si notino l'aspetto allungato del cap[o] la ruvida cute, più scura sul dorso.
Le narici (1) e la bocca (2) sono poste ventralmente (vedi Fig. 3). Lateralmente sono invece ben visibili: l'occhio (3), lo s[pi]racolo (4) e le cinque fessure branchiali (5), in corrispondenza delle ultime delle quali si dipartono ventralmente le pi[nne] pettorali (6). Dorsalmente, si noti l'emergenza della pinna dorsale anteriore (7).

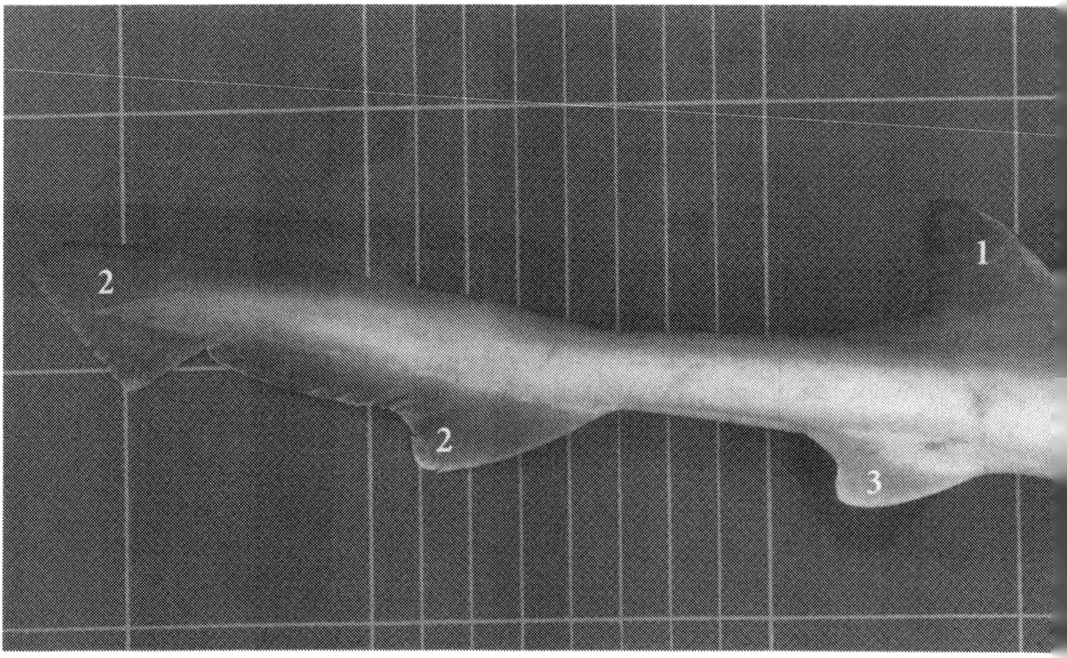

Fig. 2. ASPETTO ESTERNO LATERALE DELLA CODA
Visione laterale della porzione caudale del selaco. La coda del gattuccio, fusata, è caratterizzata dalla presenza della pi[nna] dorsale posteriore (1) e dalla caratteristica pinna caudale eterocerca (2). Ventralmente, si osserva la pinna anale (3).

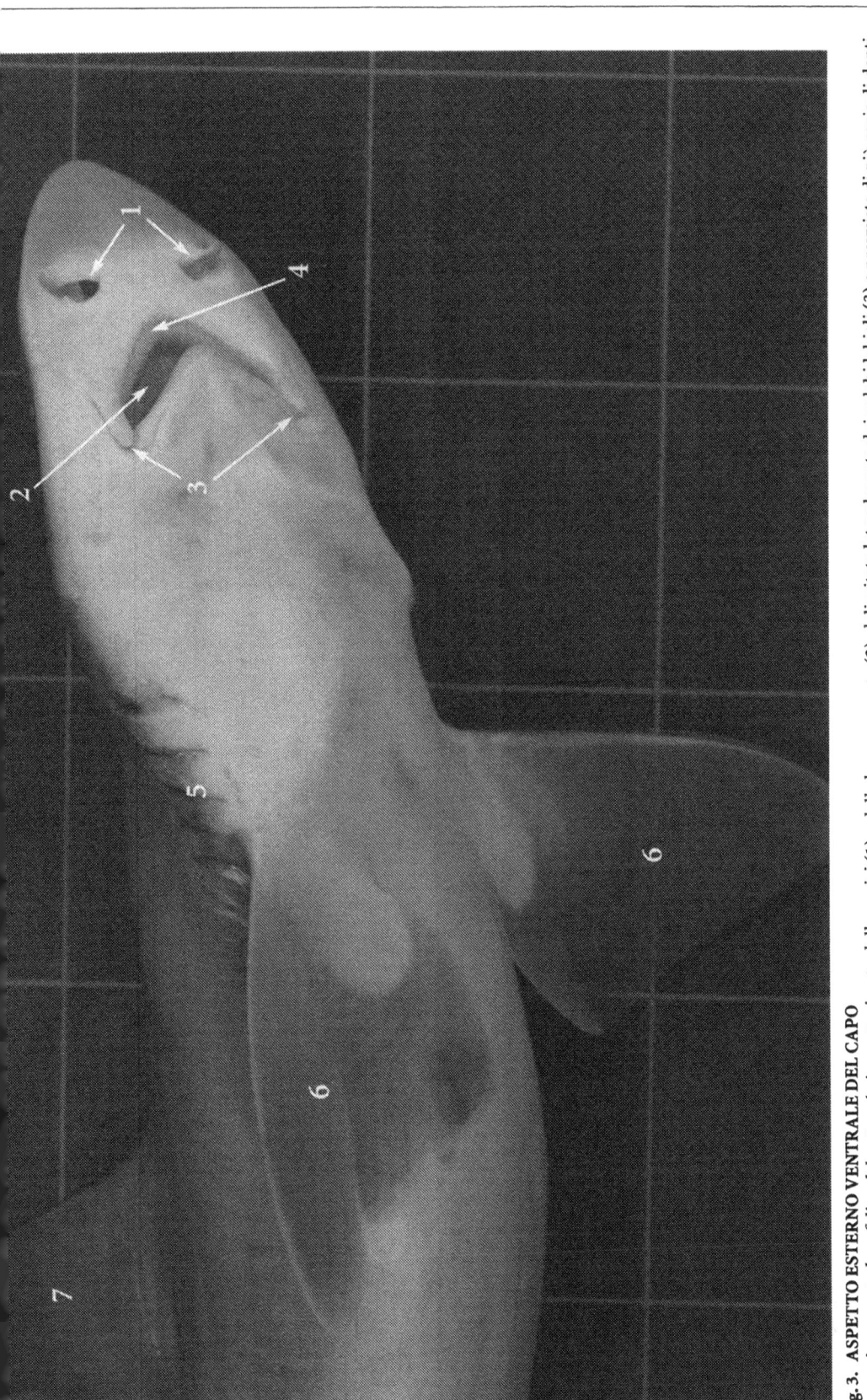

Fig. 3. ASPETTO ESTERNO VENTRALE DEL CAPO
La porzione ventrale cefalica del gattuccio è caratterizzata dalle narici (1) e dalla bocca arcuata (2), delimitata lateralmente dai solchi labiali (3) e provvista di più serie di denti (4). Più caudalmente, si riconoscono le cinque fessure branchiali laterali (5), le pinne pettorali (6) e la pinna dorsale anteriore (7).

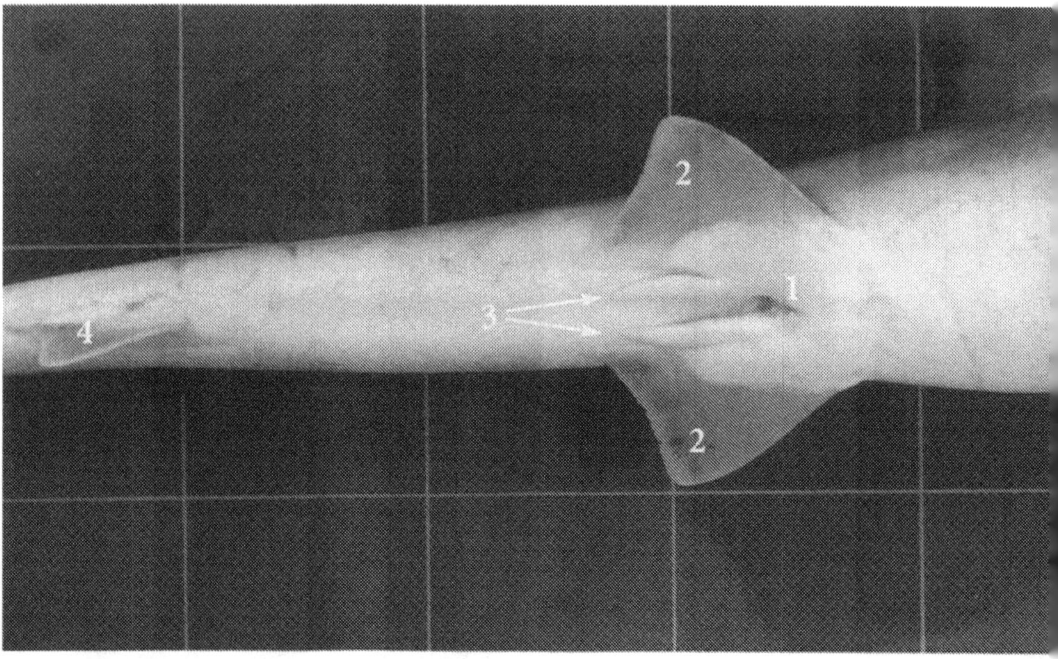

Fig. 4a. REGIONE CLOACALE NEL MASCHIO
Dal lato postero-inferiore delle pinne pelviche (2) si dipartono due appendici a doccia, gli pterigopodi (3), organi copulari che permettono la fecondazione interna. Cloaca: (1). Pinna anale (4).

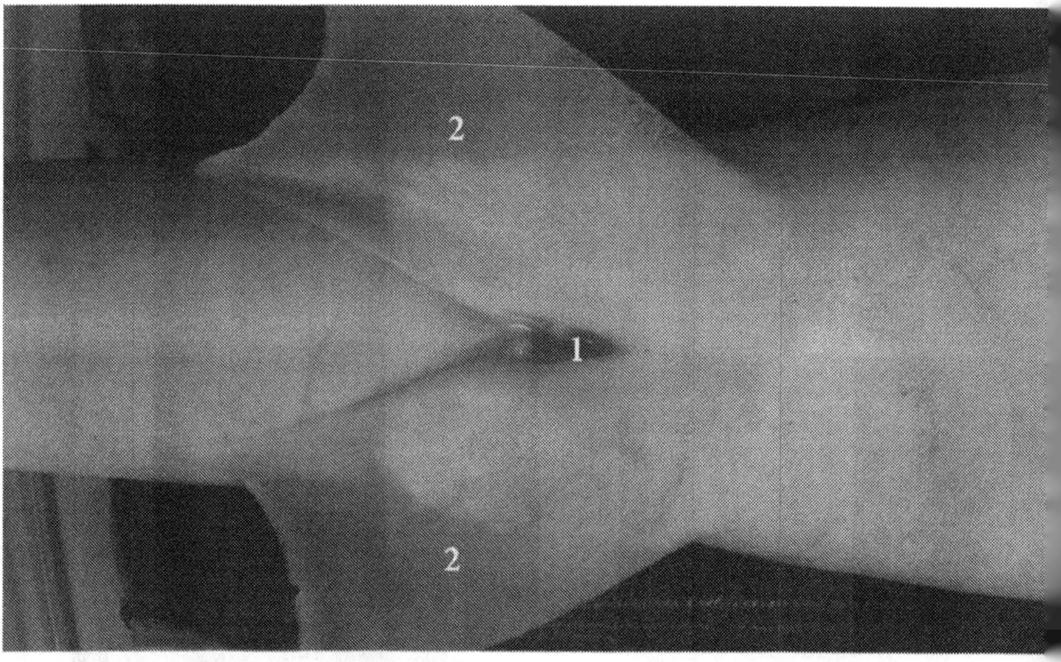

Fig. 4b. REGIONE CLOACALE NELLA FEMMINA
Le pinne pelviche (2) delimitano la cloaca (1).

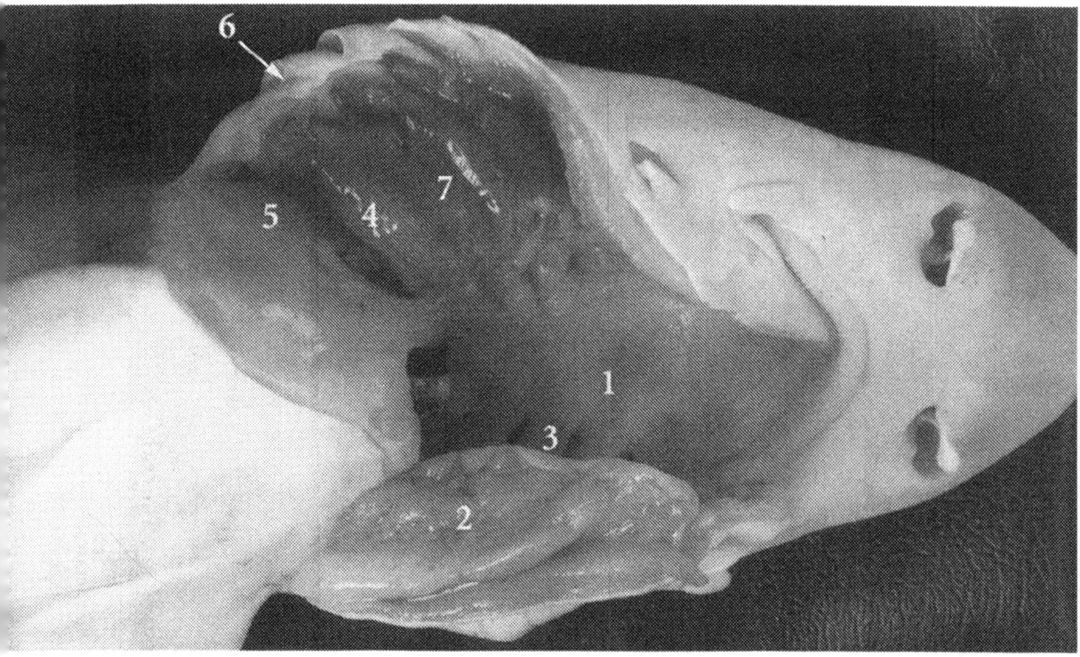

5a. REGIONE FARINGEA

La parete ventrale è stata incisa in modo tale da mettere in evidenza il tetto della bocca (1) e il faringe (2). La porzione faringea si presenta notevolmente allargata. Nella porzione latero-ventrale del faringe, infatti, si organizzano le strutture branchiali. Sono visibili gli archi branchiali (3), che si allungano a costituire i setti branchiali (4) e raggiungono la superficie esterna dell'animale. I setti branchiali delimitano le camere branchiali (5), ciascuna in comunicazione con l'esterno tramite una fessura branchiale (6), e supportano serie di lamelle branchiali (7), meglio visibili nell'ingrandimento Fig. 5b), nel quale le strutture faringee possono essere così ricapitolate: archi branchiali (1), camere branchiali (2), fessure branchiali (3), setti branchiali (4), lamelle branchiali primarie (5), disposte in serie, sulle quali sono allocate le lamelle branchiali secondarie, non visibili all'analisi morfologica macroscopica.

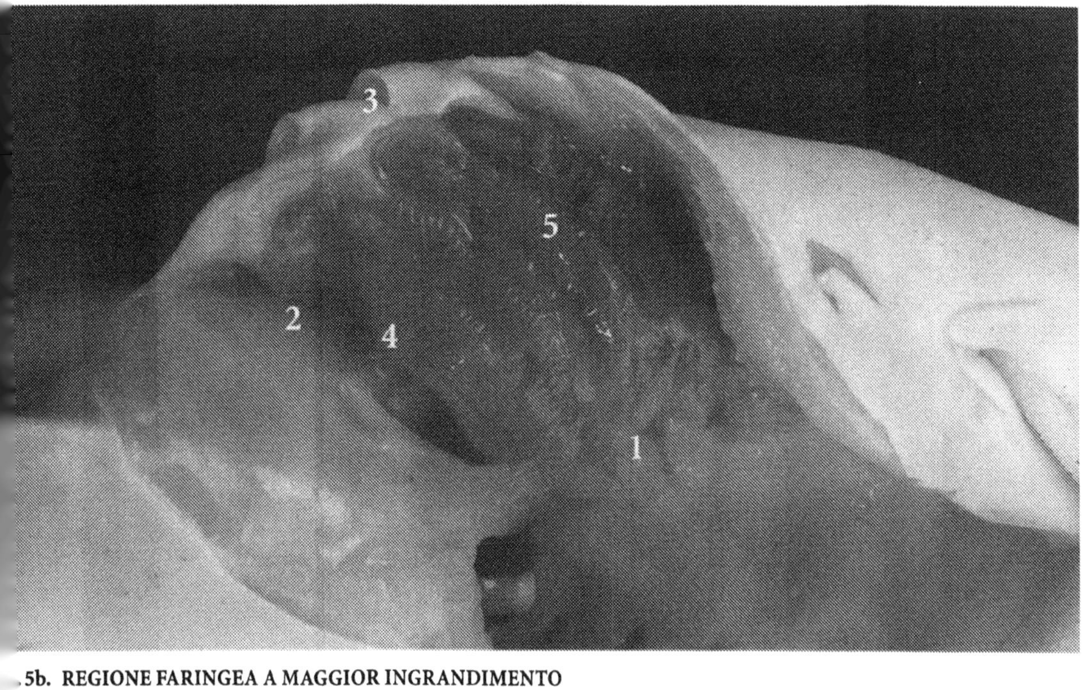

5b. REGIONE FARINGEA A MAGGIOR INGRANDIMENTO
Legenda in Fig 5a

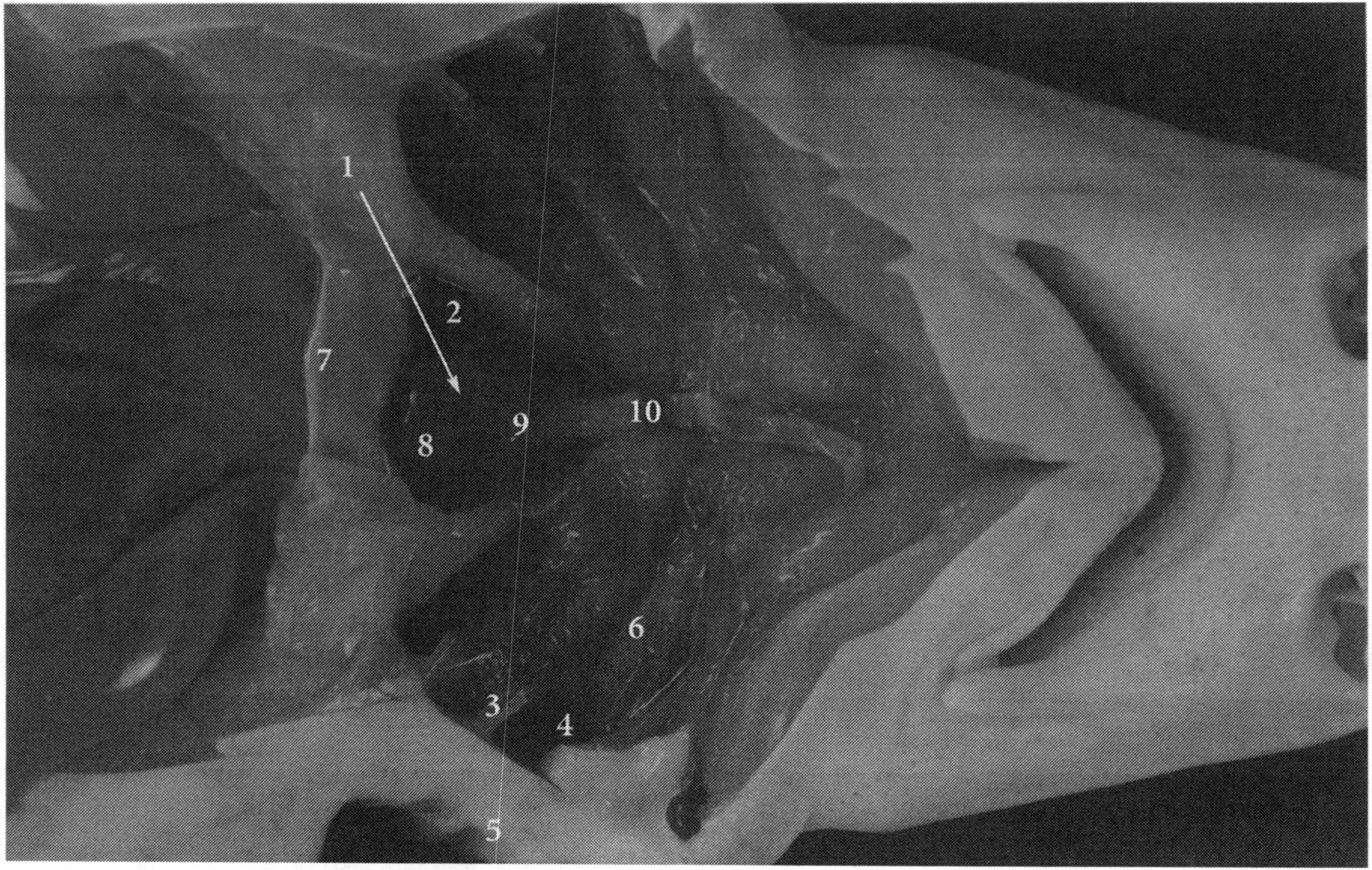

Fig. 6. IL CUORE E GLI ARCHI AORTICI BRANCHIALI
Questa immagine è stata ottenuta asportando la cute e la muscolatura ventrale, dalla bocca alle pinne pettorali.
È possibile osservare il cuore (1), alloggiato nella cavità cardiaca (2), e i setti branchiali (3), che delimitano le camere branchiali (4). Sono ben visibili anche le fessure branchiali (5) e le lamelle branchiali (6).
Anteriormente al cotto trasverso, sotto di separazione tra cavità cardiaca e addominale (7), si distinguono i seguenti porzioni cardiache: ventricolo (8); cono

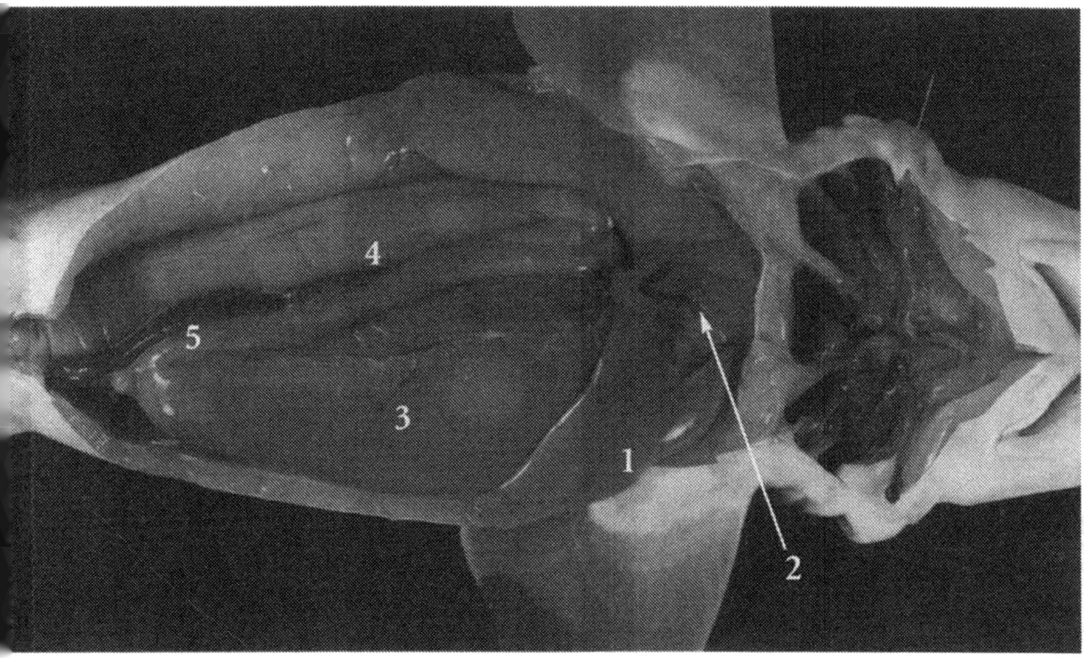

7a. LA CAVITÀ ADDOMINALE
portata la muscolatura addominale, dalle pinne addominali alla cloaca, si mettono in evidenza i visceri addominali *in situ*.
notino: il fegato (1); la cistifellea (2); il tubo digerente ripiegato a S di cui si distinguono stomaco (3) e intestino (4); la milza (5). Il fegato (1), trilobato, è costituito da due voluminosi lobi laterali e da un lobo centrale sul quale è alloggiata la cistifellea (2).

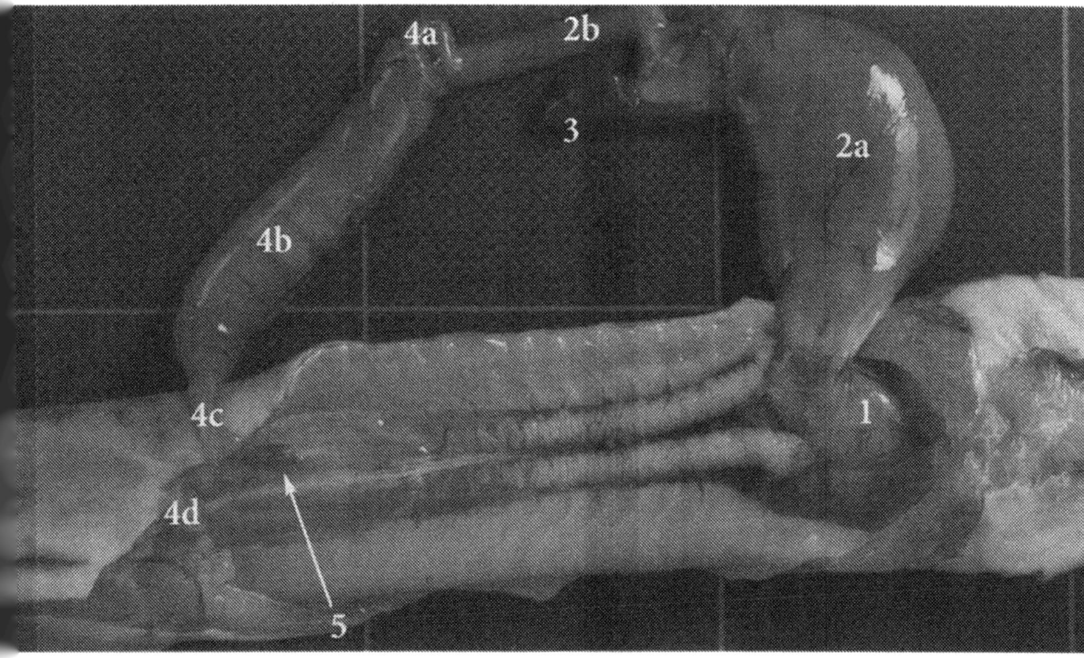

7b. TUBO DIGERENTE
egato e le gonadi sono stati asportati ed il tubo digerente è stato disteso per visualizzare l'esofago (1); lo stomaco, costituito da un'ampia porzione cardiale (2a) che si ripiega ed assottiglia a formare la porzione pilorica (2b); la milza (3), l'intestino, costituito da un breve duodeno (4a), dall'ileo allargato (4b), dal colon (4c) e dal retto (4d). Al confine tra colon e retto cca la ghiandola rettale (5).

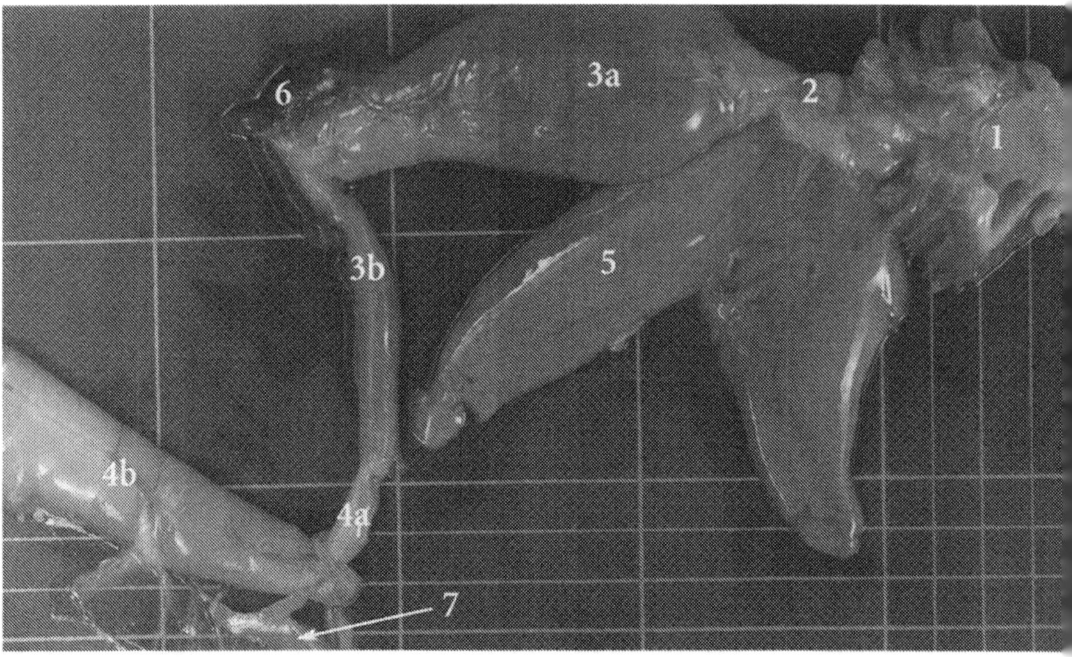

Fig. 7c. TUBO DIGERENTE ISOLATO
Si riconoscono: il faringe (1), aperto ventralmente per mettere in evidenza le strutture branchiali; l'esofago (2); lo stomaco (3a e 3b); il duodeno (4a); parte dell'ileo (4b). Sono osservabili anche il voluminoso fegato (5), la milza (6) e il pancreas (7), originariamente teso tra stomaco ed intestino, da noi isolato incidendo le lamine peritoneali che lo collegano al tubo digerente.

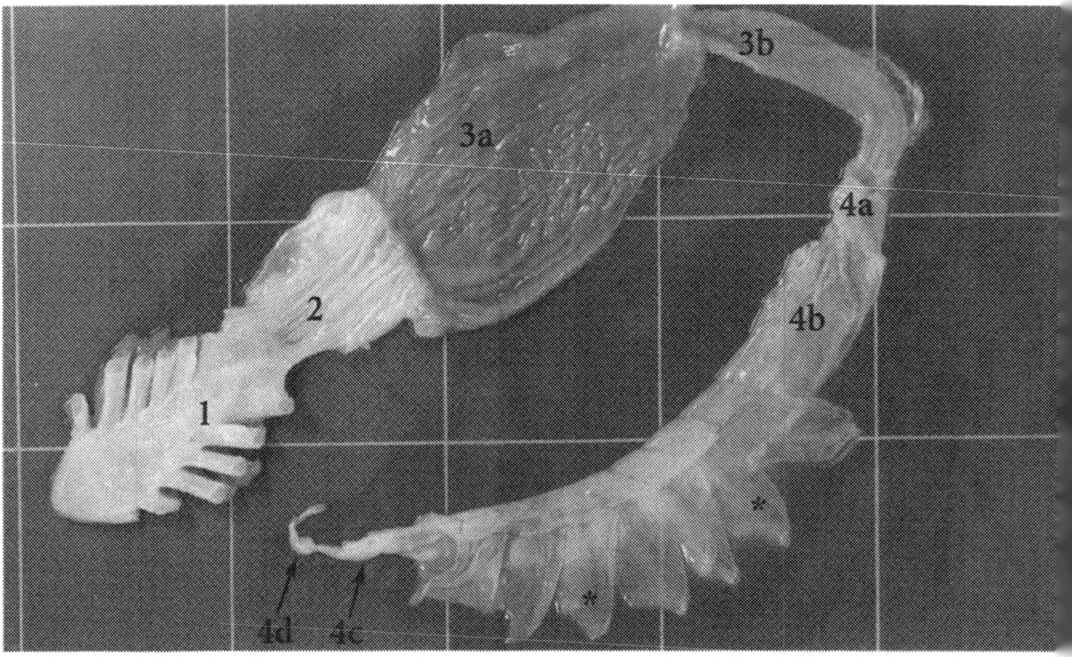

Fig. 7d. TUBO DIGERENTE ISOLATO
Incidendo la parete del tubo digerente si può evidenziare l'aspetto delle mucose. Faringe (1); esofago (2), la cui mucosa sollevata in papille; regione cardiale dello stomaco (3a), caratterizzata da numerose fitte pieghe longitudinali della mucosa; regione pilorica dello stomaco, a parete liscia (3b), così come il duodeno (4a). La parete intestinale si ripiega vistosamente nella regione dell'ileo (4b), in modo tale da costituire la valvola spirale. La valvola spirale è caratterizzata da fitte spire così che (asterischi), impilate le une sulle altre. Colon (4c) e retto (4d) hanno parete liscia.

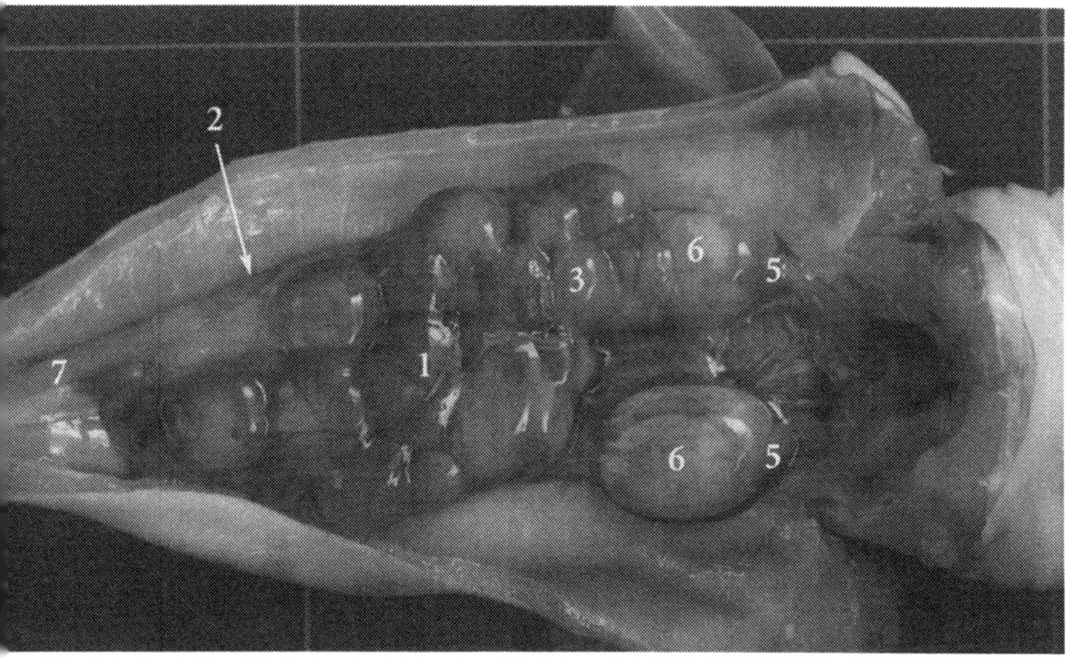

8a. APPARATO GENITALE FEMMINILE

[R]imosso il tubo digerente, si evidenziano l'ovario impari (1) ed i due ovidutti (2).
[L'ov]ario (1) è posto nella porzione anteriore dell'addome, ed in esso sono ben distinguibili numerose uova (3). Gli ovidutti [,] dorsali, sono fusi cefalicamente a costituire l'infundibulo ma percorrono tutta la cavità addominale separatamente, fino [a ra]ggiungere la cloaca (4). Nella porzione cefalica degli ovidutti si possono osservare tipici rigonfiamenti, che costituisco[no] le ghiandole del guscio (o ghiandole nidamentali, 5), atte alla produzione di albume e del guscio esterno. Si possono an[che]notare uova che si stanno arricchendo delle membrane (6). Le porzioni più caudali degli ovidutti appaiono tipicamen[te d]ilatate a costituire il cosiddetto utero (7).

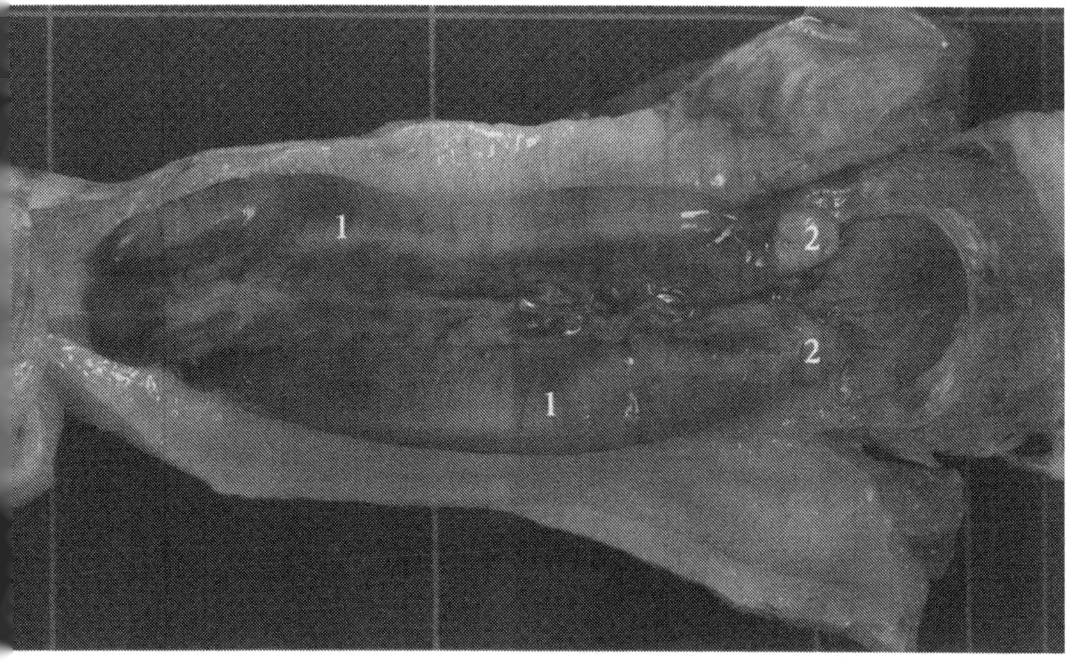

8b. TESTICOLI

[I te]sticoli (1) si presentano come due vistose masse allungate, che occupano la cavità addominale in tutta la sua lunghezza. [Ce]falicamente, è visibile l'epididimo (2).

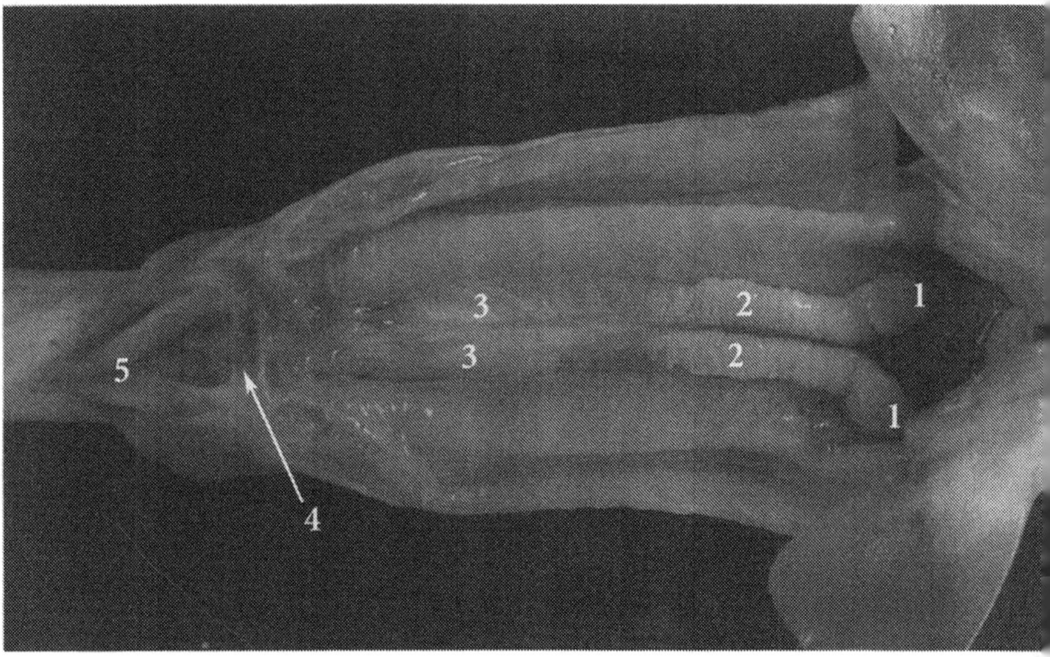

Fig. 8c. APPARATO GENITALE MASCHILE
Nel selaco, la parte anteriore dell'opistonefro (*pars sexualis*) è modificata ed adibita a gonodotto. La connessione tra testi colo e tubuli renali modificati va a costituire l'epididimo (1). I tubuli meno cefalici della *pars sexualis* del rene, particolarm convoluti, si trasformano in tubuli secernenti e, nel loro complesso, costituiscono la ghiandola del Leydig (2), secernente quido spermatico. Più caudalmente, sono riconoscibili il dotto mesonefrico (3), la cloaca (4) e i due pterigopodi (5).

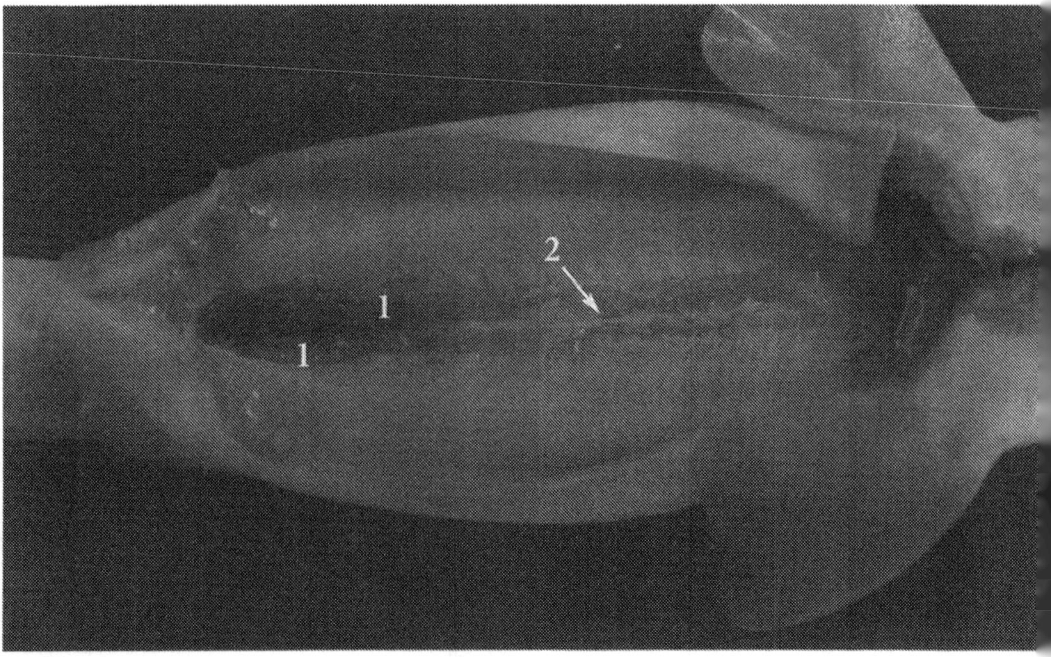

Fig. 9. IL RENE
Dopo aver rimosso gonadi e gonodotti, si rende visibile l'organo addominale più dorsale, il rene.
Il rene (1) è riconoscibile come organo pari, posto ai lati dell'aorta dorsale (2).

Osteitti

[G]li Osteitti sono dotati di un endoscheletro almeno parzialmente ossificato.

[Ve]ngono qui delineati i caratteri anatomici più ri[lev]anti dell'infraclasse dei Teleostei.

[So]no animali sia marini che di acqua dolce nella [cui] cute sono presenti caratteristiche scaglie di os[so] lamellare (scaglie cicloidi o ctenoidi). Le pinne [im]pari sono la dorsale, la caudale (tipicamente [om]ocerca), e la anale posta subito caudalmente al[l'a]pertura anale.

[Le] pinne pari sono un paio di pinne pettorali ed un [pa]io di pinne pelviche.

[Sul]le pareti laterali del corpo e sulla testa sono ben [vis]ibili gli orifizi dell'organo della linea laterale.

[La] bocca, di norma apicale, è provvista di una lin[gu]a non muscolare e di denti, di varia foggia a se[co]nda della specie, formati da dentina ricoperta di [sm]alto. Possiedono quattro fessure branchiali prov[vis]te di branchie che, a differenza dei Condroitti, [no]n si aprono direttamente all'esterno, ma in una [ca]mera peribranchiale ricoperta da un'ampia piega [cu]tanea denominata opercolo. Le branchie sono di [tip]o pettinato, perchè sprovviste di setto branchiale [o d]otate di setto branchiale molto ridotto.

[Il t]ubo digerente, subito dopo il faringe, è costitui[to] da un corto esofago che si apre in uno stomaco [di] varia foggia: talvolta rettilineo, più spesso piegato a sifone. Non mancano esempi di Teleostei privi di stomaco. L'intestino medio è più o meno lungo a seconda del regime alimentare. Nel suo tratto anteriore, in alcune specie, si individuano numerose estroflessioni digitiformi, le appendici piloriche, atte ad aumentare la superficie assorbente.

Il fegato, ampio e compatto, è di norma dotato di cistifellea. Il pancreas può presentarsi come una ghiandola compatta, ma in molti casi è ampiamente ramificato (pancreas diffuso). In quasi tutti i Teleostei si individua, dorsalmente al tubo digerente, un'ampia sacca detta vescica natatoria, con funzioni prevalenti di organo idrostatico. L'apparato circolatorio dei Teleostei, come quello dei Condroitti è tipicamente semplice con un cuore venoso costituito da un seno venoso, un atrio, un ventricolo che si apre in un bulbo arterioso che si continua nell'aorta ventrale che porta il sangue venoso alle branchie.

Il rene degli osteitti è l'organo che presenta la maggiore variabilità anatomica: può essere globoso o nastriforme ed estendersi per tutta la lunghezza del tronco o limitarsi alla regione più caudale della cavità viscerale. I testicoli, a tubuli seminiferi, hanno un dotto spermatico proprio. Gli ovari, sacciformi e di grosse dimensioni, terminano a livello del poro urogenitale con un ovidutto.

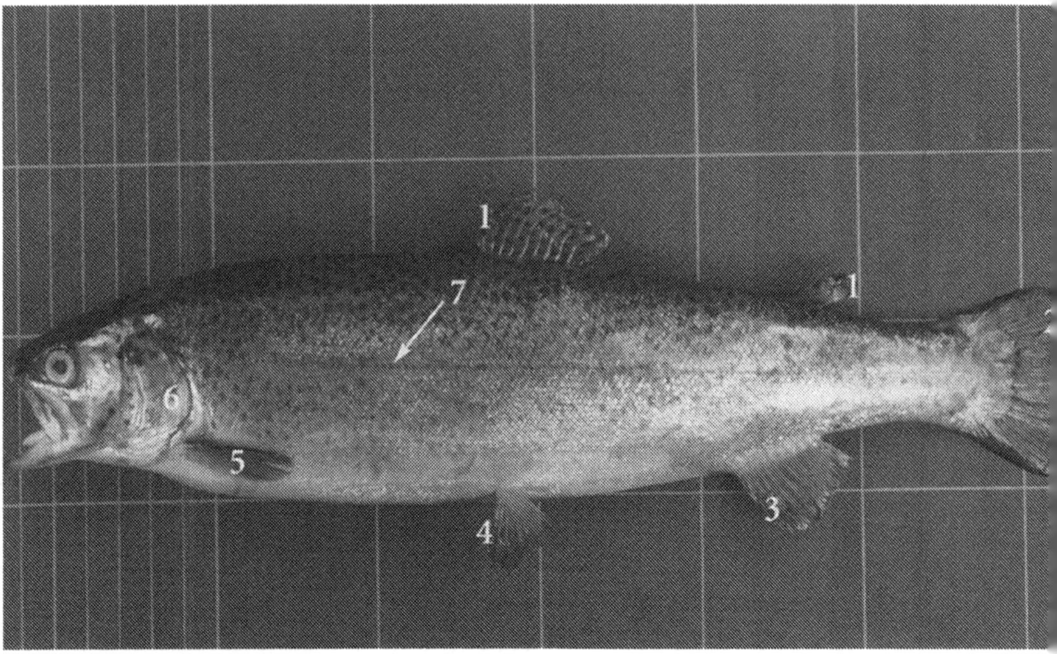

12 · Osteitti

Fig. 1. ASPETTO ESTERNO LATERALE
Visione laterale del teleosteo *Salmo trutta lacustris* (trota). Si notino l'aspetto fusato del corpo e la cute, più scura sul do‍‍‍‍‍‍‍‍‍‍‍‍‍‍‍‍ provvista di scaglie. Si possono ben identificare le pinne sorrette da raggi: due pinne dorsali (1), la pinna caudale omoce‍‍‍‍ (2), la pinna anale (3), una delle due pinne addominali ventrali (4), e la pinna pettorale di sinistra (5), situata dietro l'o‍‍‍ colo (6). Lungo il fianco dell'animale si può, infine, riconoscere la linea laterale (7), costituita da scaglie modificate e ca‍‍ lizzate, per mettere in comunicazione l'organo sensoriale sottostante con l'ambiente esterno.

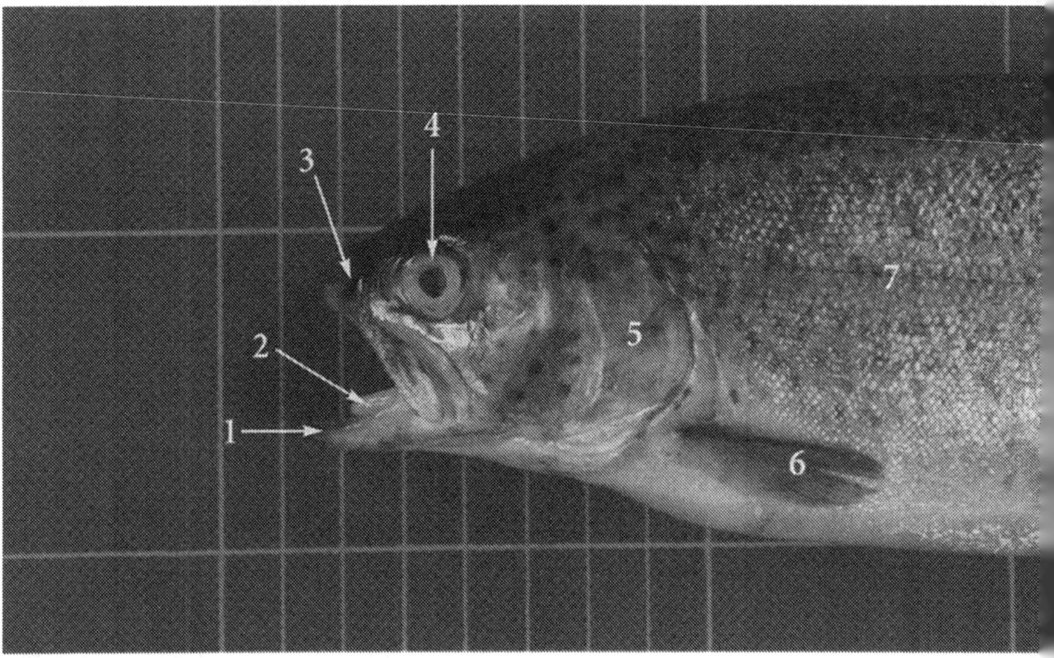

Fig. 2. ASPETTO ESTERNO LATERALE DEL CAPO
In questa immagine si può apprezzare la regione cefalica del teleosteo (trota). Si notino la bocca munita di denti (1), la gua (2), le narici (3) e l'occhio (4). Sono ben visibili la struttura dell'opercolo (5), la pinna pettorale sinistra (6) e la linea‍ terale (7).

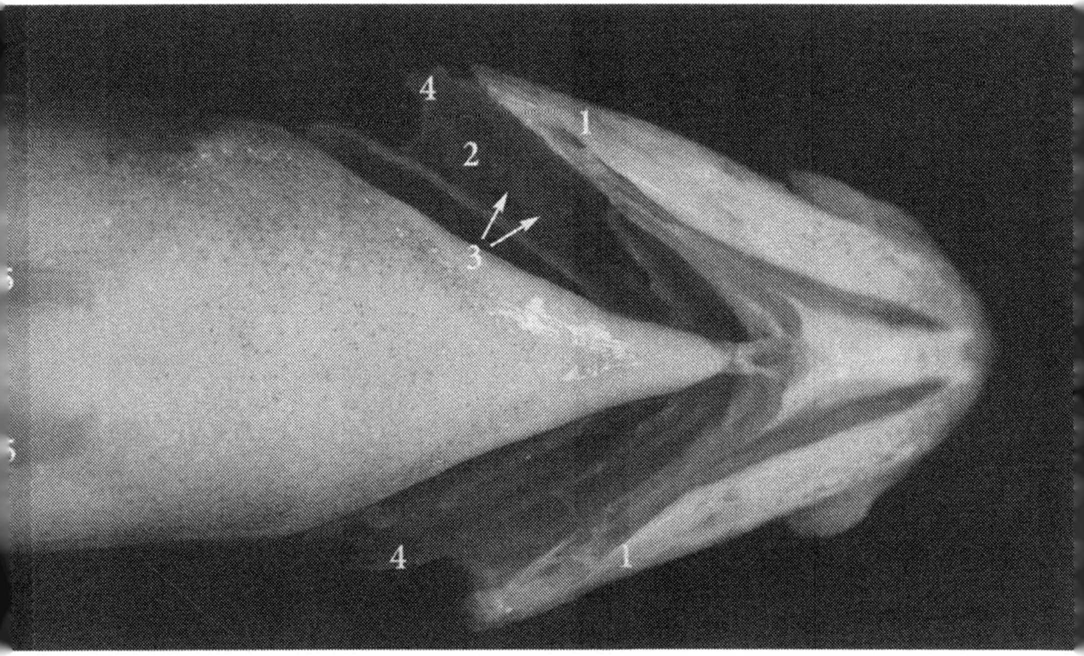

3. ASPETTO ESTERNO VENTRALE DEL CAPO

Osservando il teleosteo dal ventre, una volta sollevati gli opercoli (1), si possono identificare le strutture branchiali. Si notino gli archi branchiali (2), muniti di branchiospine (3), e le lamelle branchiali (4), riccamente irrorate. Più caudalmente, si riconoscono le pinne addominali ventrali pari (5).

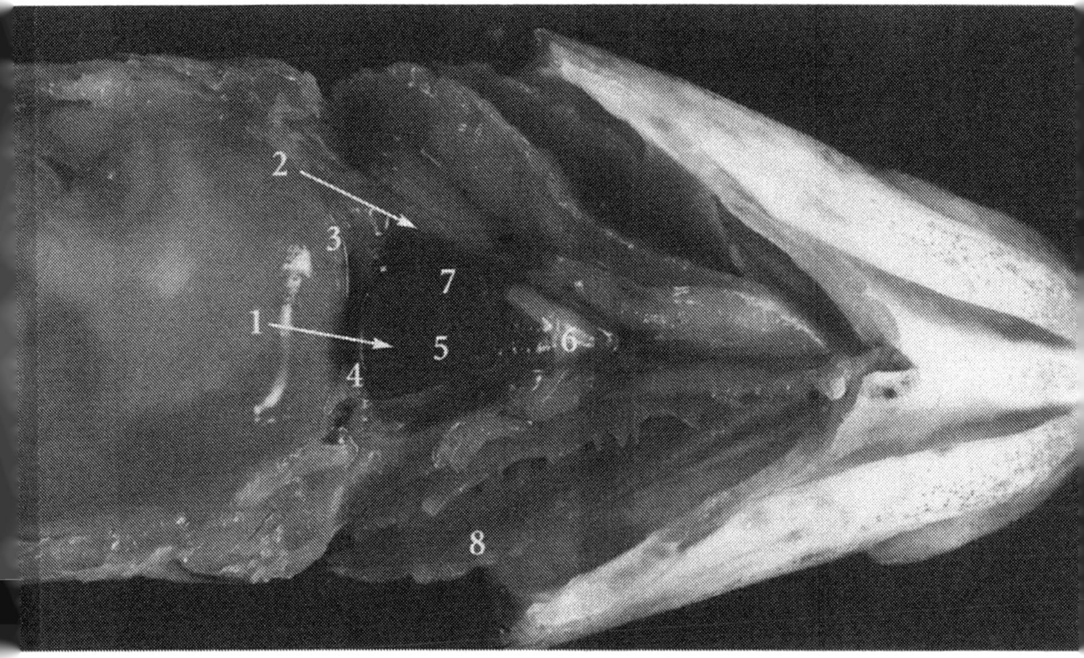

4. REGIONE FARINGEA E CUORE

Visione ventrale di teleosteo in seguito all'asportazione di tegumento e muscolatura ventrali. Il cuore (1), alloggiato nella cavità cardiaca (2), poggia sopra il setto trasverso (3), che separa la cavità cardiaca da quella addominale. Per quanto riguarda il cuore, si possono riconoscere: il seno venoso (4), il ventricolo (5), il bulbo arterioso (6). La struttura dell'atrio (7) è solo in parte apprezzabile in questa immagine, visto che questa porzione cardiaca è dorsale. Lateralmente, si riconoscono serie di lamelle branchiali (8), alloggiate sugli archi branchiali.

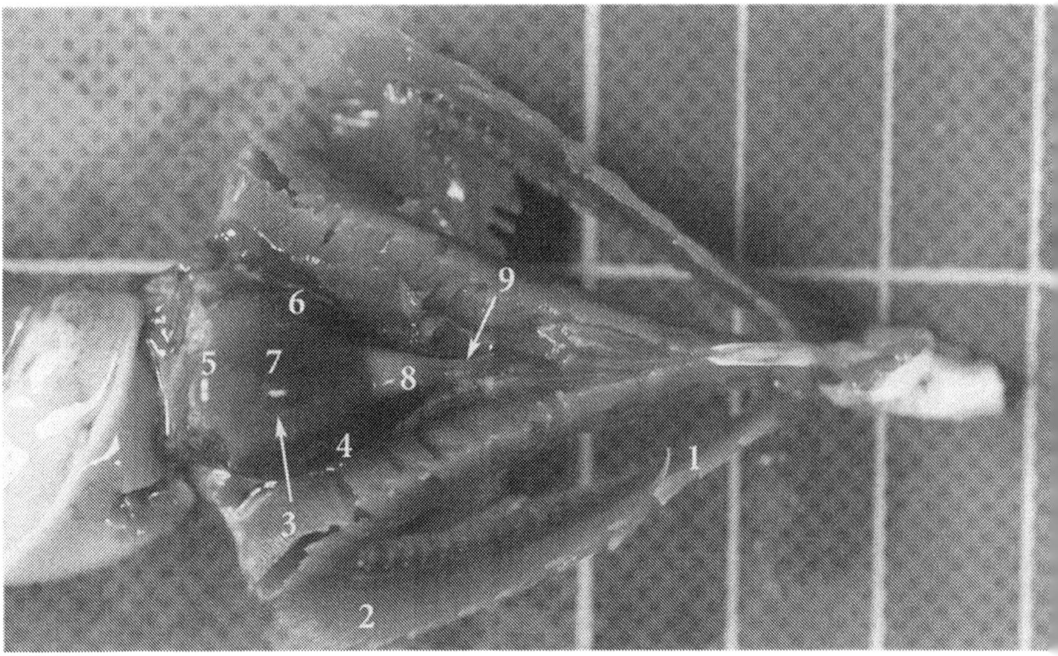

Fig. 5. REGIONE FARINGEA ISOLATA (STRUTTURE ESTERNE) E CUORE
Isolando il cestello branchiale è possibile osservare la struttura più esterna degli archi branchiali (1). Si notino le lame branchiali primarie disposte in serie (2), mentre la struttura delle lamelle secondarie non è apprezzabile all'analisi macroscopica. Il cuore (3), alloggiato nella cavità cardiaca (4) è costituito da seno venoso (5), atrio (6, solo in parte visibile in quanto dorsale), ventricolo (7), e bulbo arterioso (8), da cui si origina l'aorta ventrale (9). Gli archi aortici branchiali, che dipartono dall'aorta ventrale, non sono visibili in questa immagine.

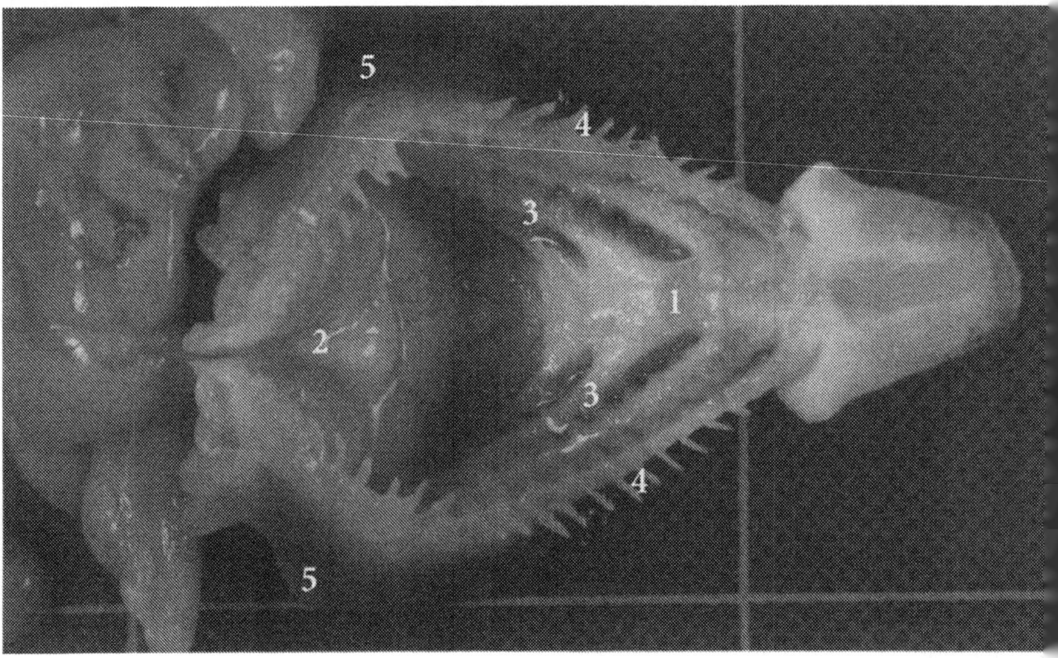

Fig. 6. REGIONE FARINGEA ISOLATA (STRUTTURE INTERNE)
Questa immagine è stata ottenuta isolando il cestello faringeo. Si possono osservare il tetto (1) e la porzione ventrale del ringe (2). Le porzioni laterali faringee sono allargate e danno origine agli archi branchiali (3), quattro per lato. Sul margine interno degli archi branchiali sono visibili le branchiospine (4), disposte in serie, mentre, esternamente, gli archi branchiali sostengono le lamelle branchiali (5).

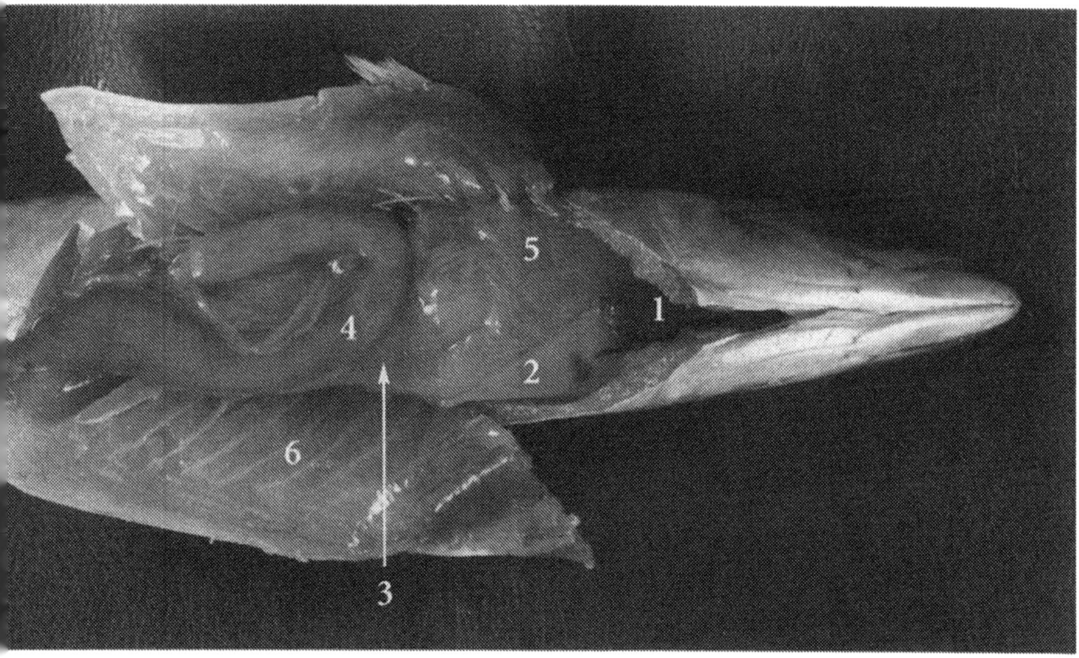

7a. LA CAVITA' ADDOMINALE

(Inci)dendo la parete ventrale e la muscolatura del teleosteo *Scomber scombrus* (sgombro) dalle pinne pettorali alla pinna (cauda)le, si mettono in evidenza i visceri addominali *in situ*. È possibile osservare il cuore (1), parte del fegato (2) e della milza (3) e il tubo digerente ripiegato a S (4). La porzione intestinale più cefalica (duodeno) è provvista di numerosi ciechi intestinali (o ciechi pilorici, 5). Si può apprezzare, inoltre, il cospicuo strato muscolare (6) posto sotto il tegumento.

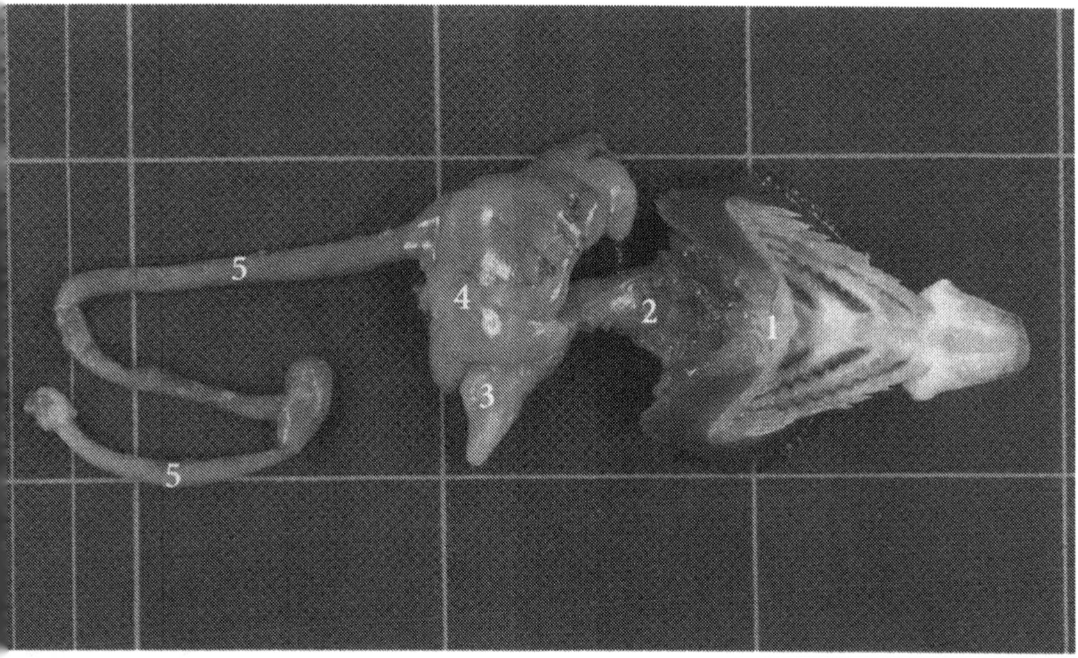

7b. TUBO DIGERENTE ISOLATO

(Al c)estello branchiale (1) segue un corto esofago (2), da cui si diparte un tozzo stomaco sacciforme a fondo cieco (sacco ga(stri)co, 3). Parte dello stomaco ed il primo tratto dell'intestino sono nascosti dal voluminoso fegato (4). Più caudalmente si (rico)nosce la restante parte dell'intestino (5).

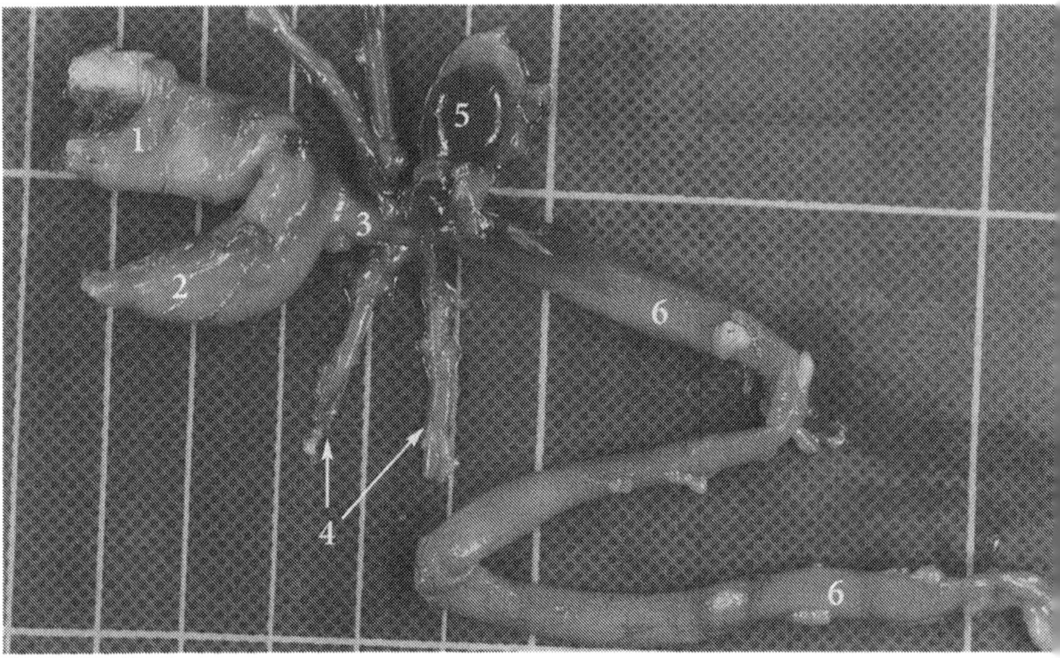

Fig. 7c. TUBO DIGERENTE ISOLATO
Tubo digerente isolato di *Dicentrarchus labrax* (branzino o spigola) dopo rimozione del cestello branchiale e del fega
possibile apprezzare l'esofago pieno di cibo (1), il sacco gastrico a fondo cieco (2), il duodeno (3) provvisto di ciechi pi
ci (4). I ciechi pilorici (o ciechi intestinali) sono strutture tipiche dei teleostei, atte ad aumentare la superficie intestinale
sorbente. Possono essere in numero esiguo, come in questo caso, più numerosi (vedi Fig. 7d) o assenti. In seguito all'asp
tazione del fegato, è stata resa visibile anche la vescichetta biliare (5). Più caudalmente, l'intestino (6) è lineare e priv
strutture anatomiche caratteristiche.

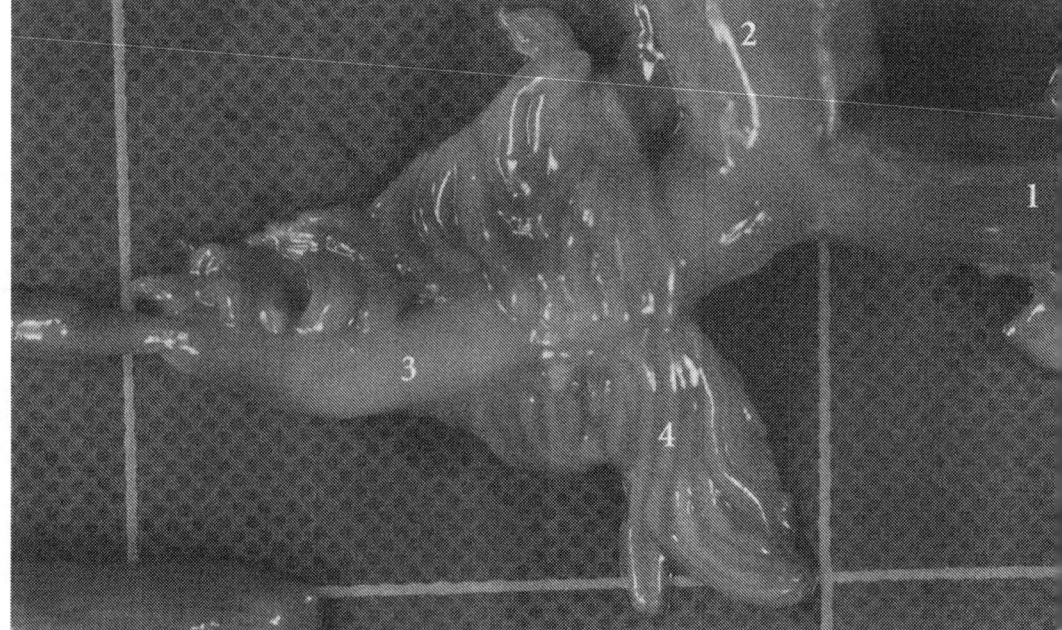

Fig. 7d. CIECHI PILORICI
Particolare dei ciechi pilorici nello sgombro. Il numero di ciechi pilorici è variabile secondo la specie, nello sgombro s
particolarmente numerosi. Esofago (1); stomaco sacciforme (2); duodeno (3); ciechi pilorici (4).

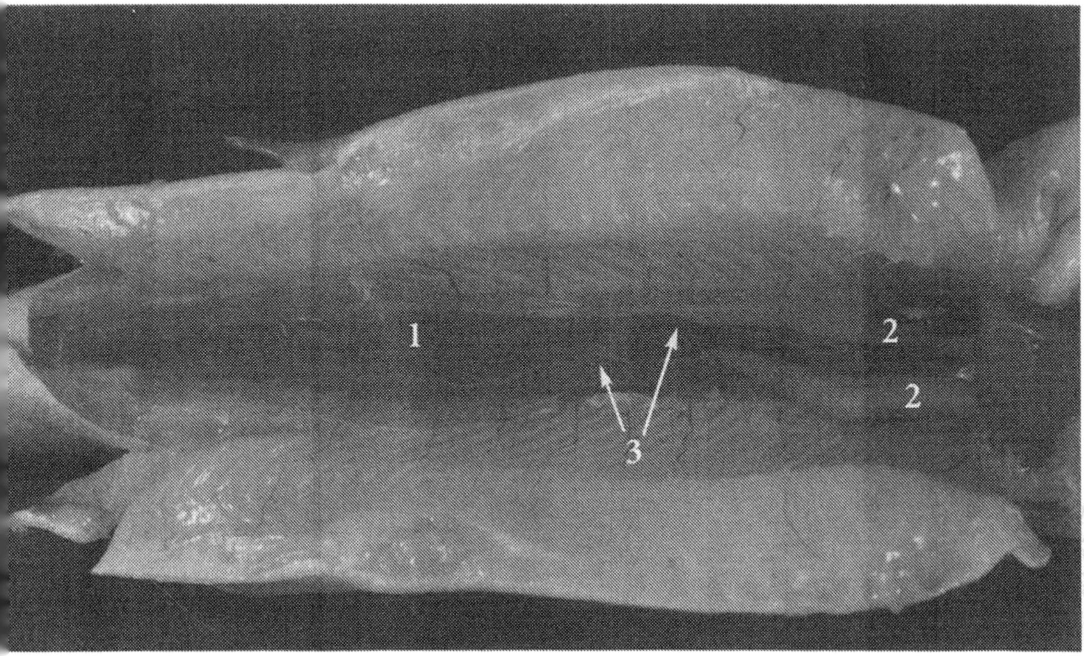

8a. APPARATO GENITALE FEMMINILE

[Do]po l'asportazione del tubo digerente è possibile osservare la struttura delle gonadi femminili e della vescica natatoria. La [ves]cica natatoria (1) occupa la parete dorsale della cavità addominale, per tutta la sua lunghezza. Costituita da una parete [suti]le traslucida, permette la visione in trasparenza della struttura del rene, con cui è a contatto dorsalmente. Lateralmente [alla] vescica natatoria, si riconoscono le gonadi femminili (2) pari. In ciascun ovario sono riconoscibili un numero discreto [di u]ova in maturazione. Da ciascun ovario si dipartono gli ovidutti (3).

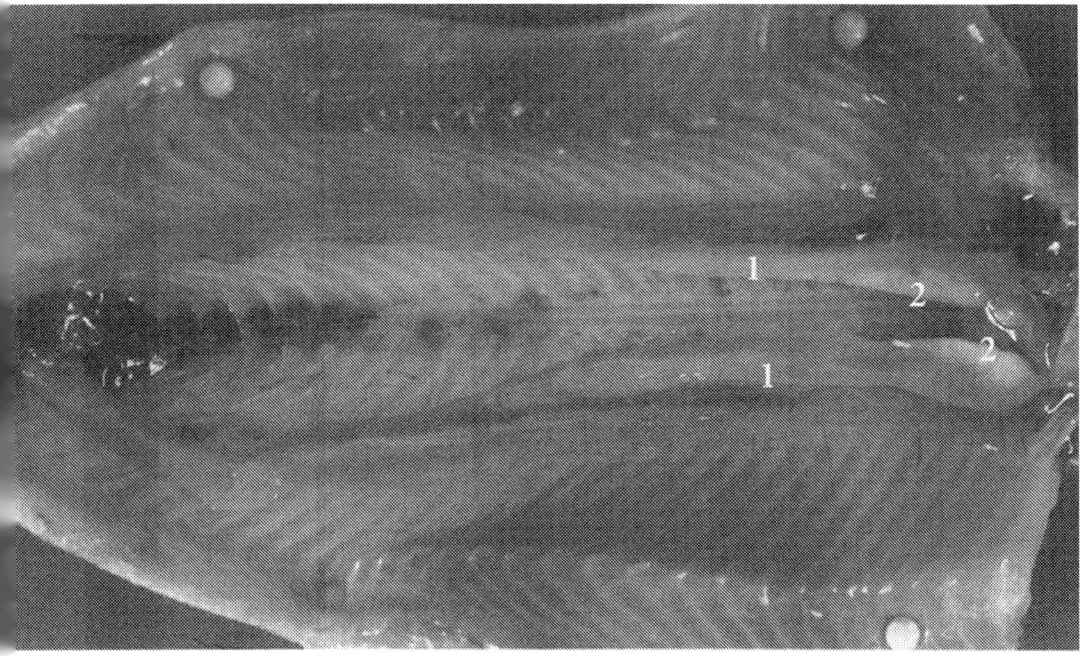

8b. APPARATO GENITALE MASCHILE

[Do]po l'asportazione del tubo digerente e della vescica natatoria è possibile osservare la struttura delle gonadi maschili. Si [rico]noscono due testicoli che decorrono lungo la cavità addominale (1). Cefalicamente è visibile l'epididimo (2).

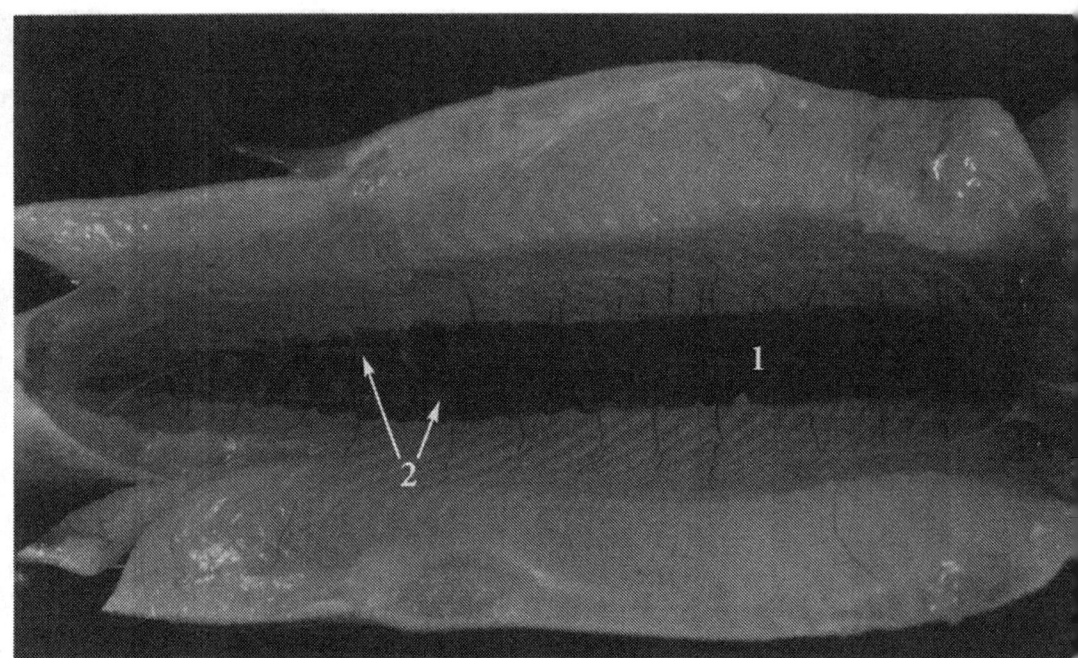

Fig. 9. IL RENE
Grazie alla delicata rimozione di gonadi e vescica natatoria, si può osservare nei dettagli la struttura del rene (1). L'org
impari e mediano, è aderente alla parete dorsale dell'animale e può essere suddiviso in rene cefalico (o anteriore), medi
del tronco) e posteriore (o caudale). A partire dal rene medio, si possono individuare gli ureteri pari (2) che decorrono
rallelamente, per poi congiungersi nella porzione più caudale. Si noti anche la fitta rete vascolare renale.

Anfibi

Gli Anfibi sono i primi conquistatori dell'ambiente subaereo. Il loro corpo è rivestito da una epidermide che, pur essendo sottile per permettere scambi respiratori, è costituita da più strati di cellule di cui quelli più superficiali corneificano, così formando un sottile strato corneo. Le ghiandole pluricellulari di cui è colmo lo strato dermico secernono muco che copre la pelle e sostanze varie, spesso tossiche. La cute è ricca di cellule pigmentate che danno alla pelle degli Anfibi le caratteristiche, varie colorazioni.

Quasi tutti gli Anfibi adulti sono carnivori. La bocca, molto ampia, contiene una vera lingua muscolare e denti. Il faringe è breve e direttamente connesso ai polmoni sacciformi tramite una corta trachea. Il faringe si continua nell'esofago rettilineo che si apre in uno stomaco dilatato.

Al di là dello sfintere pilorico inizia l'intestino tenue, piuttosto breve, che forma nel primo tratto un'ansa con lo stomaco nella quale è inserito il pancreas. Il dotto pancreatico ed il dotto coledoco, proveniente dal fegato, si gettano nel tubo digerente a questo livello.

Il sistema circolatorio, con l'instaurarsi della respirazione polmonare, è caratterizzato da una prima settazione cardiaca a livello dell'atrio. Il sangue refluo dalla circolazione generale si getta nell'atrio destro e da qui passa nel ventricolo, ancora unico, e poi risale nella rampa pulmocutanea del tronco arterioso per dirigersi ai polmoni ed alla cute dove avviene l'ossigenazione. Il sangue ossigenato dai polmoni torna all'atrio sinistro e da qui al ventricolo e poi alle due aorte ventrali che lo immettono nella circolazione generale (circolazione doppia incompleta).

L'apparato escretore è costituito da un tipico opistonefro la cui parte cefalica è in stretta connessione con la gonade maschile con cui ha in comune il sistema dei dotti.

La gonade femminile è costituita da un tipico ovario sacciforme, di grandi dimensioni in cui si apprezzano numerosissime uova a diversi stadi di maturazione. I gonodotti maschili e femminili, insieme agli ureteri, sboccano nella cloaca, parte terminale del tubo digerente.

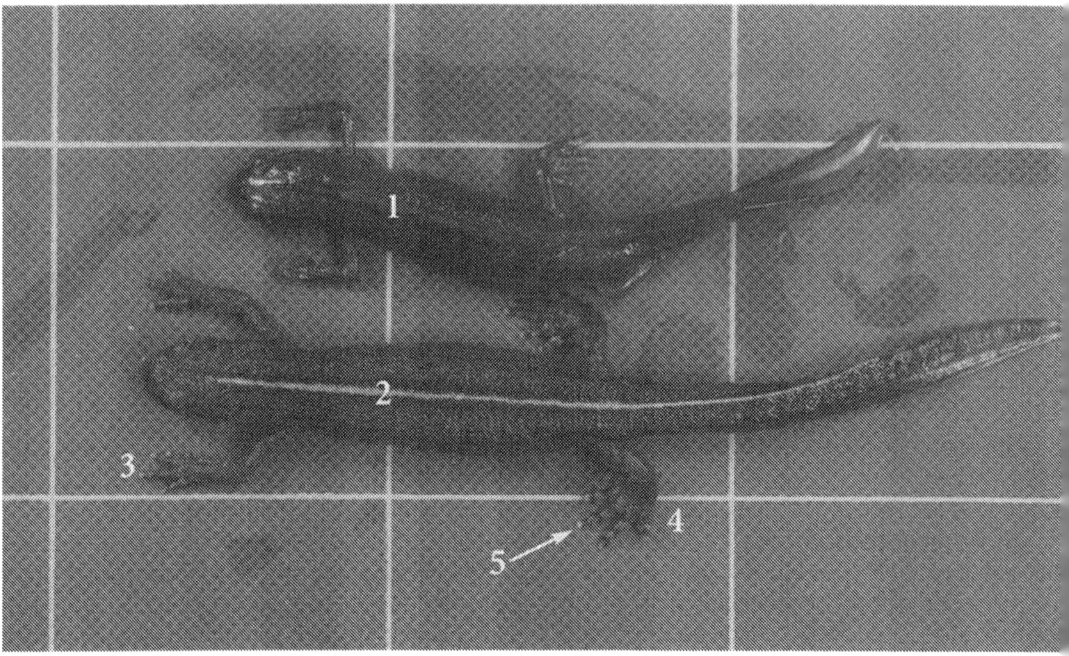

Fig. 1. ASPETTO ESTERNO DORSALE
Visione dorsale di *Triturus vulgaris* (tritone). Si evidenzia un netto dimorfismo sessuale; il maschio presenta una lunga cresta dorsale (1). La femmina, di maggiori dimensioni, presenta una linea pigmentata di colore giallo (2), la cresta è assente. L'epidermide, ricca di ghiandole mucose, appare viscida. Le zampe anteriori presentano quattro dita (3), le posteriori cinque (4), al termine delle quali si evidenziano gli ispessimenti cutanei (5).

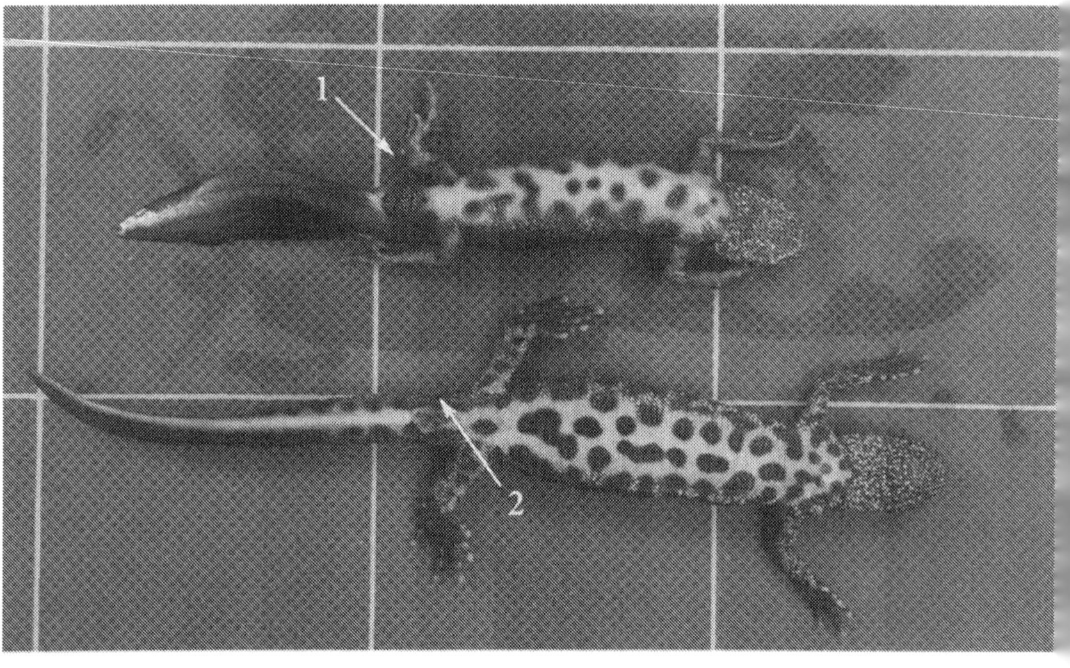

Fig. 2. ASPETTO ESTERNO VENTRALE
La regione ventrale si presenta maculata a scopo mimetico. La cloaca del maschio appare sporgente con pliche cutanee nere (1); la cloaca femminile presenta tipiche pliche gialle (2).

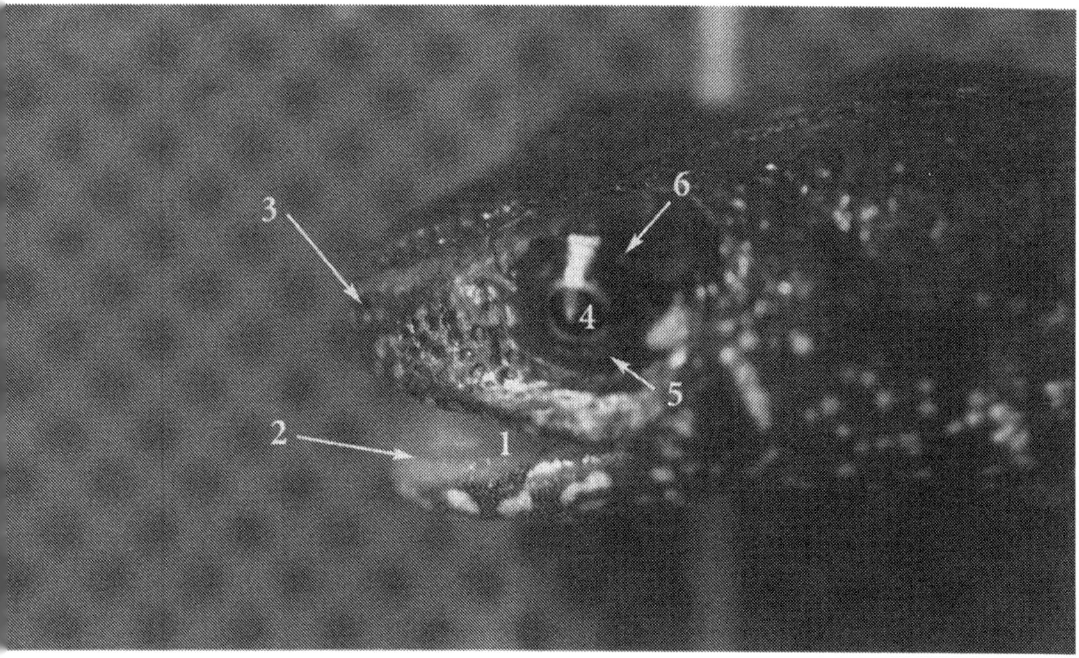

3. VISIONE LATERALE DELLA TESTA

Si evidenzia una lingua carnosa (1) con attacco all'apice del labbro ventrale della bocca (2). Le coane si aprono nella regione più distale del capo (3). L'occhio presenta una pupilla rotonda (4); la palpebra inferiore mobile (5) è più sviluppata di quella superiore fissa (6).

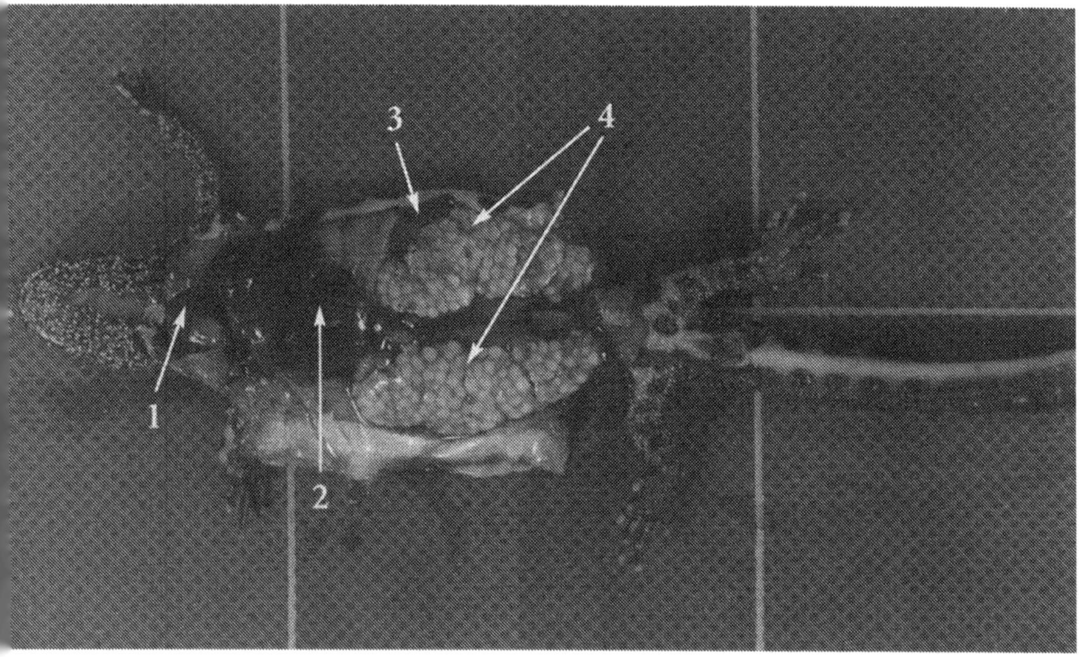

4. VISIONE VENTRALE DELLA FEMMINA

Recidendo il tegumento, la muscolatura e la sottilissima lamina peritoneale, si evidenziano i seguenti organi: il cuore (1) nella cavità cardiaca; il fegato (2); la milza (3); un ovario pari molto ben sviluppato (4).

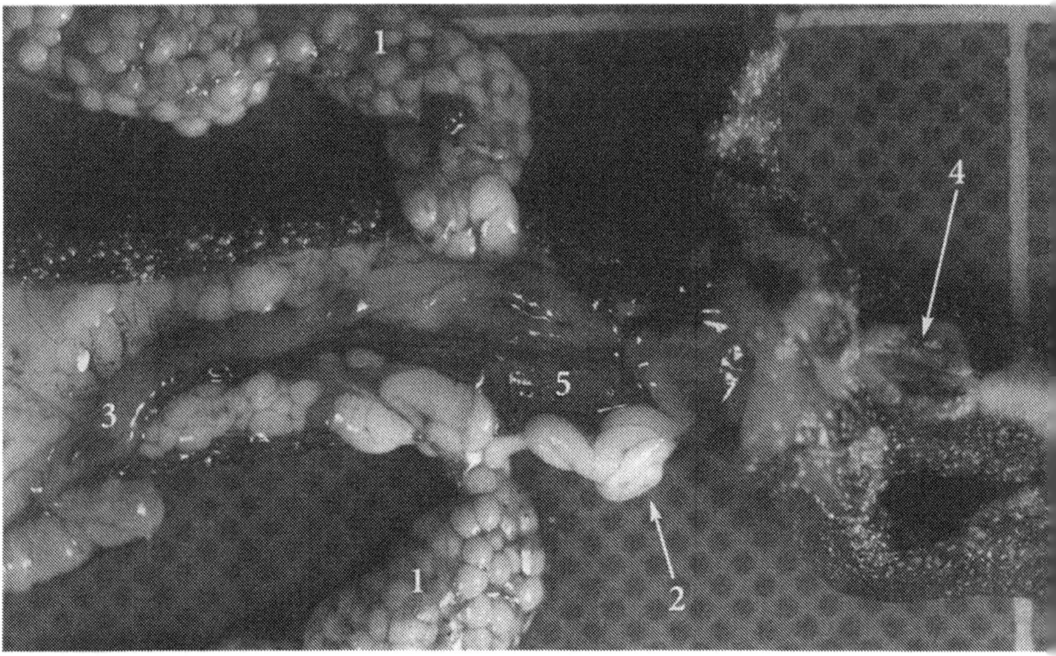

Fig. 5a. REGIONE ADDOMINALE DELLA FEMMINA
Nella femmina sono visibili i due grossi ovari (1), i gonodotti convoluti (2), parte dell'intestino tenue (3) e la regione cloaca (4). È possibile osservare un tratto dell'opistonefro (5).

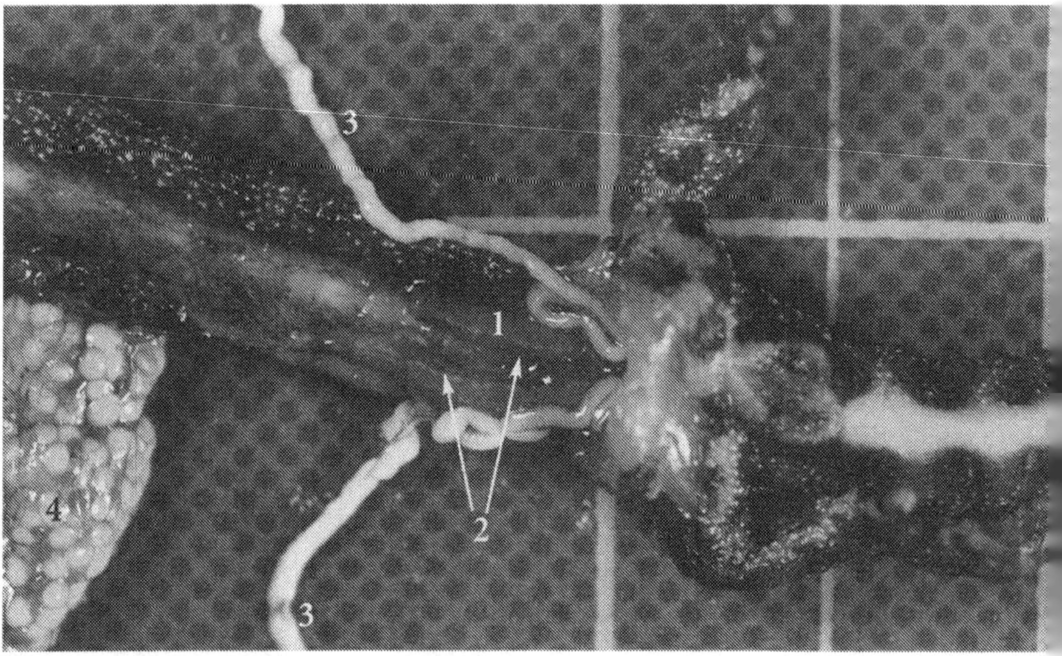

Fig. 5b. REGIONE ADDOMINALE DELLA FEMMINA
Asportato l'intestino si evidenziano: l'opistonefro (1); le vene del sistema portale renale (2); gli ovidutti (3) e l'ovario (4)

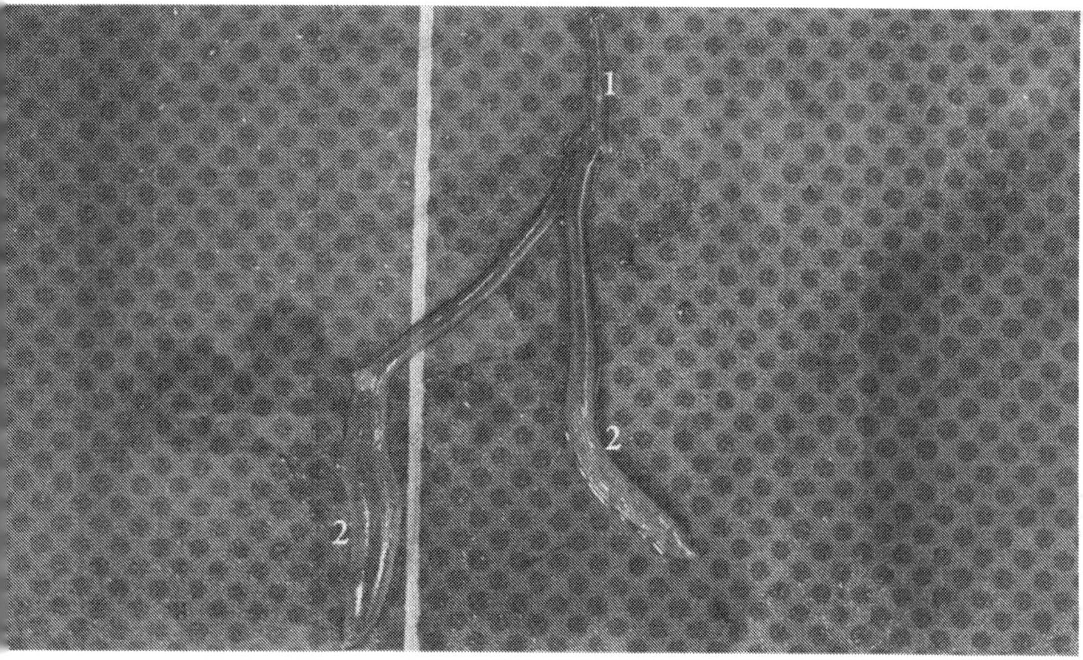

6. APPARATO RESPIRATORIO
una sottile trachea (1) seguono due lunghi polmoni sacciformi (2).

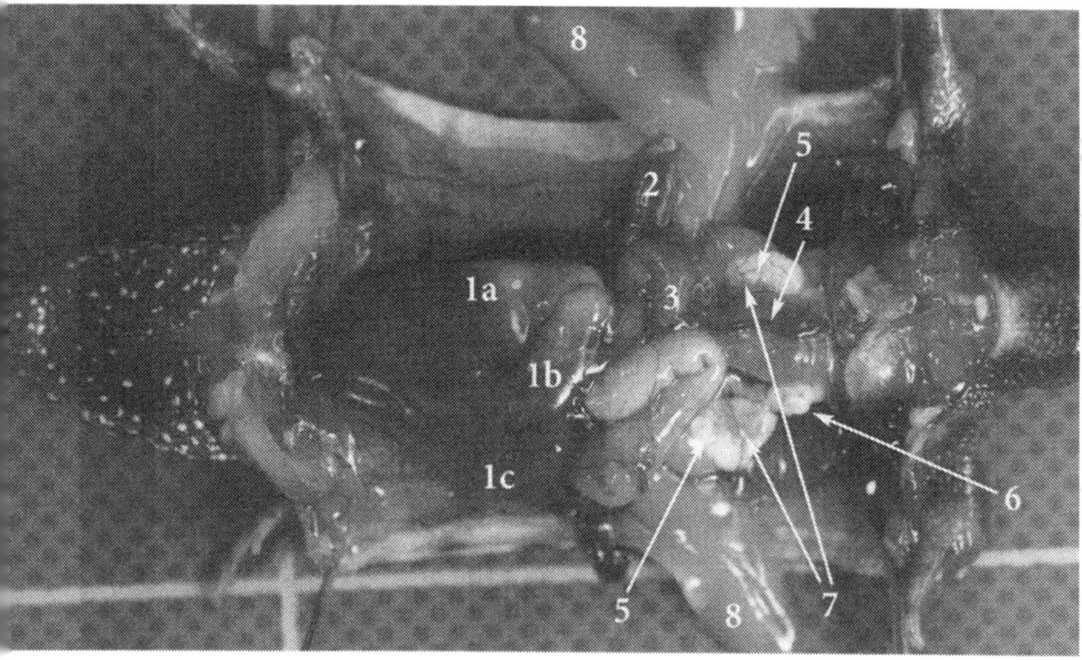

7. REGIONE ADDOMINALE DEL MASCHIO
o visibili: il grosso fegato trilobato (1a, b, c); la milza (2); l'intestino (3) percorso dalla vena mesenterica (4); i testicoli (5)
n gonodotto (6). In questa regione vi sono formazioni ghiandolari la cui attività è legata al ciclo sessuale maschile: le
andole pelviche (7), che si spingono dorsalmente all'estremità caudale del rene e le ghiandole addominali (8), che occu-
o la posizione latero-ventrale della cavità addominale.

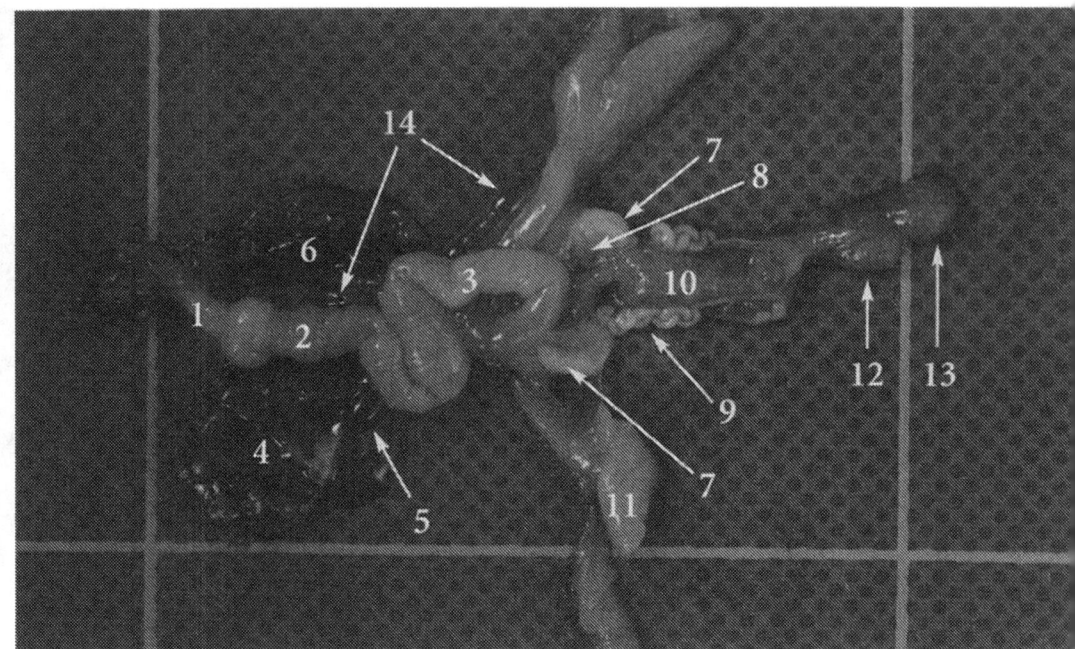

Fig. 8. TUBO DIGERENTE ISOLATO
Sono visibili il breve esofago (1); lo stomaco (2); l'intestino (3); il fegato (4) con addossata la cistifellea (5); la milza (6); i te coli (7) con annesse le ghiandole pelviche (8); i gonodotti (9); la vescica urinaria (10); le ghiandole addominali (11); la ghi dola rettale (12) e l'ampolla rettale (13). Adiacente al tratto intestinale, è evidenziabile il lungo polmone sacciforme (14).

ettili

...rapporto con l'adattamento ad una vita che si ...olge prevalentemente in ambiente subaereo, la ...te dei Rettili ha uno strato corneo molto ispessi... ...che si differenzia in squame spesso embricate o ...scudo. Le ghiandole cutanee sono quasi completamente assenti.

...bocca, con l'eccezione dei Cheloni, è provvista ...numerosi denti generalmente conici e di una ...gua carnosa, molto mobile, bifida in Ofidi e Lacertiliani.

...sofago, piuttosto lungo, si apre in uno stomaco ...n differenziato in cui si distingue, istologicamente, una regione esofagea, una regione del fon... ...ed una regione pilorica. Segue allo stomaco un ...testino tenue che si continua con un crasso più ...latato che sbocca in un'ampia cloaca.

...pparato respiratorio inizia con le narici esterne ...e si aprono nel faringe, cui segue il laringe che si ...ntinua in una trachea più o meno lunga. Questa ...biforca in due bronchi ciascuno dei quali è con...sso ad un polmone. La struttura dei polmoni dei Rettili è molto variabile: da una semplice sacca (Lacertiliani, Ofidi) a strutture parenchimatose come nei Loricati e Cheloni.

Il cuore è completamente settato, oltre che nella regione atriale, anche nel ventricolo solo nei Loricati. Negli altri Rettili il ventricolo è solo parzialmente settato da un setto primario in una parte destra (cavo polmonare) ed una sinistra (cavo arterioso). Ma un setto secondario a lembo individua una terza piccola cavità (cavo venoso). Tutti i rettili sono dotati di due archi aortici sistemici.

Il rene è un tipico metanefro di forma variabile il cui uretere sbocca in una cloaca in vicinanza di una vescica urinaria.

I testicoli sono ben sviluppati e sono connessi ad un evidente epididimo che si continua nel deferente che sbocca nella cloaca.

Gli ovari sono voluminosi e le grosse uova deposte vengono raccolte dagli ovidutti che secernono gli involucri esterni.

Fig. 1a. VISIONE DORSALE ESTERNA DELLA FEMMINA
Lacerta muralis (lucertola): presenta un corpo snello ed elegante, il capo è ricoperto da scudi cornei (1), squame cornee di varia forma ricoprono il resto del corpo così come la coda, lunga quanto il corpo dell'animale. I quattro arti sono ben s[vi]luppati e la porzione distale presenta cinque dita (3) fornite di unghie molto aguzze adatte ad arrampicare.

Fig. 1b. VISIONE VENTRALE ESTERNA DELLA FEMMINA
Il ventre (1) si presenta più chiaro con squame regolari, una plica cutanea copre l'apertura cloacale (2), sono evidenti i p[ori] femorali (3), tipici della famiglia dei lacertidi. Essi sono presenti sia nei maschi sia, come in questo caso, nelle femmine; il [lo]ro significato funzionale è ancora da chiarire.

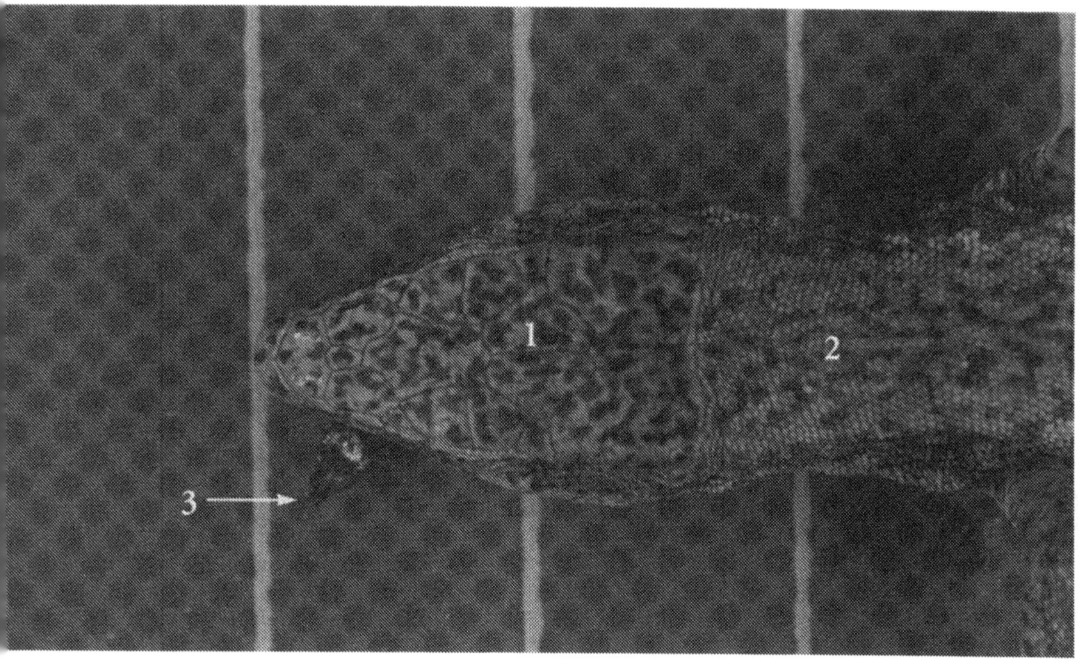

2a. VISIONE DORSALE DEL CAPO

Il capo è ricoperto da scudi cornei (1) di varie dimensioni, il collo da piccole squame embricate (2); la lingua protrattile è inserita anteriormente (3).

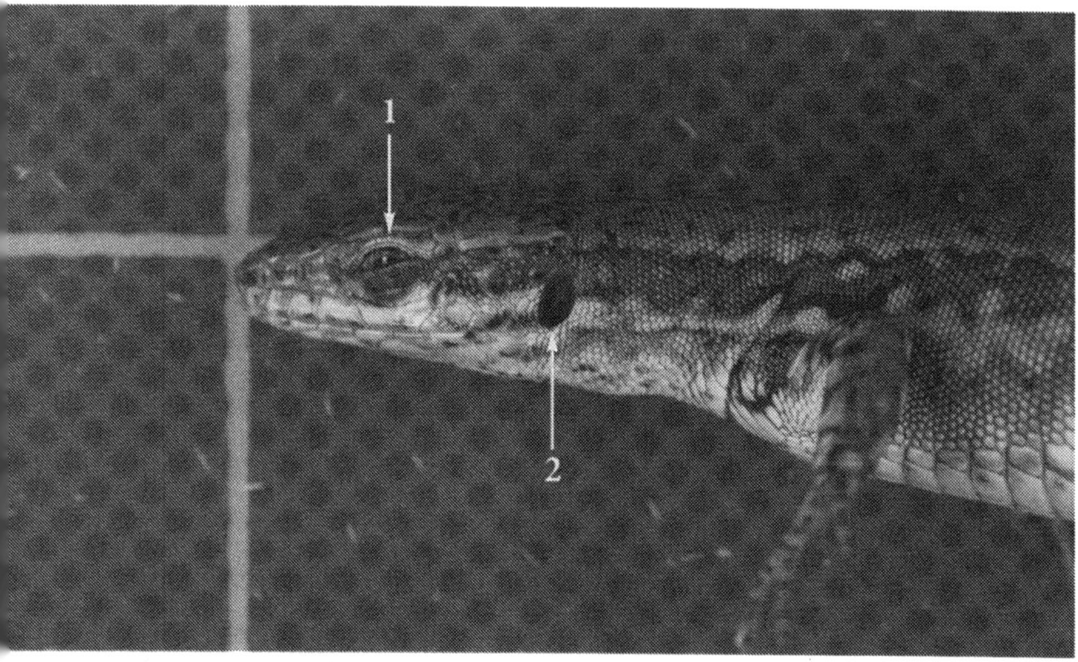

2b. VISIONE LATERALE DEL CAPO

La visione laterale del capo mostra l'occhio (1) che presenta un foro pupillare rotondo, caratteristica dei rettili che svolgono vita diurna, protetto da palpebre mobili la cui plica inferiore risulta essere più sviluppata della superiore. Posteriormente si osserva l'apertura esterna del condotto uditivo: il meato acustico (2), connesso verso l'interno con il canale del timpano.

Fig. 3. REGIONE TORACO-ADDOMINALE
Mediante due incisioni laterali ventrali si evidenziano delle grosse uova (1) in fase terminale di sviluppo che occupano tera cavità toraco-addominale. Si notino: il cuore (2) alloggiato anteriormente ai polmoni (3), l'intestino tenue (4), il fe (5), la cistifellea (6) e la milza (7).

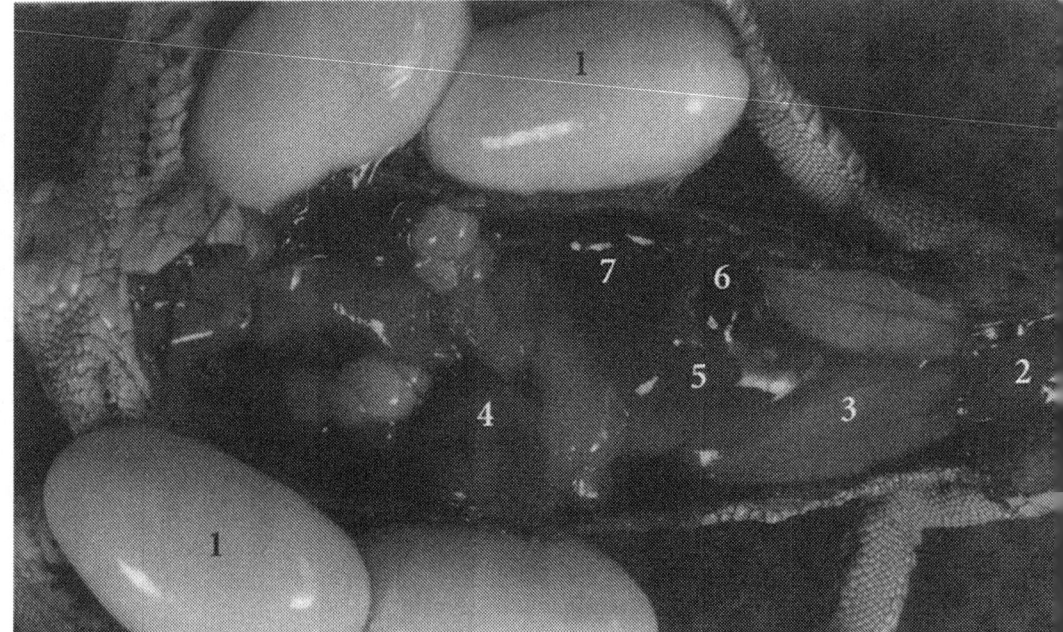

Fig. 4. REGIONE TORACO-ADDOMINALE
Si evidenzia l'ovario occupato da grosse uova (1) in fase terminale di sviluppo. Si notino: il cuore (2) alloggiato ante mente ai polmoni (3), l'intestino tenue (4), il fegato (5), la cistifellea (6) e la milza (7).

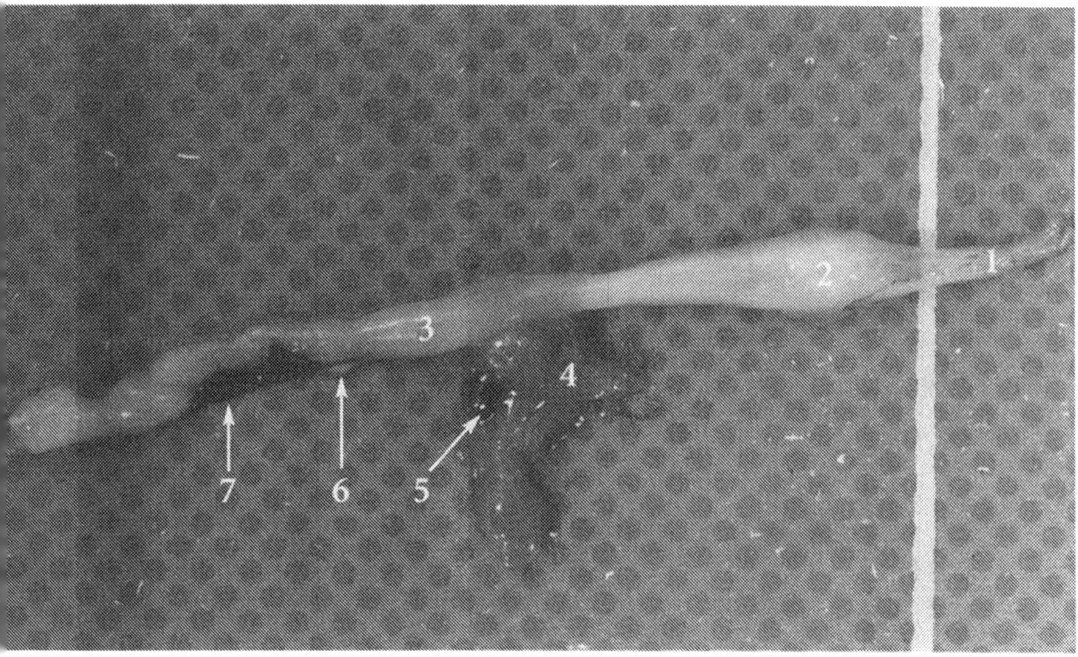

5. TUBO DIGERENTE ISOLATO

Il tubo digerente isolato comprende il tratto iniziale esofageo (1), lo stomaco (2) molto dilatabile per l'ingestione di grosse prede, l'intestino (3), il fegato (4), la cistifellea (5), il pancreas (6) originariamente posto nell'ansa intestinale e la milza (7).

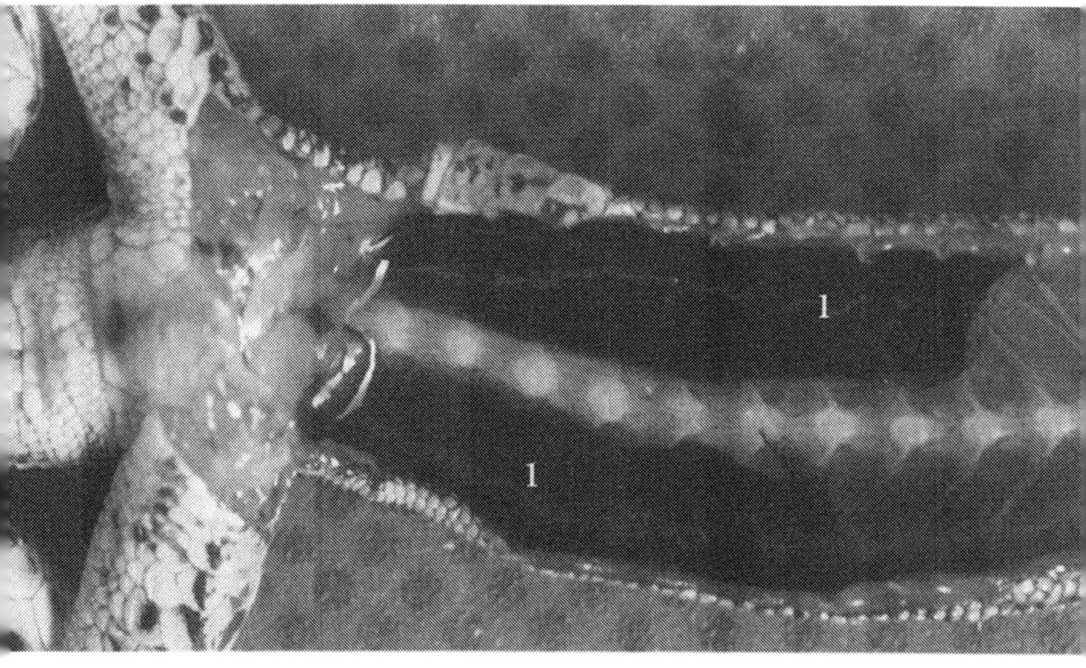

6. RENE

Asportato il pacchetto intestinale e rimosso l'ovario si evidenzia il rene (1), l'organo più dorsale della cavità addominale.

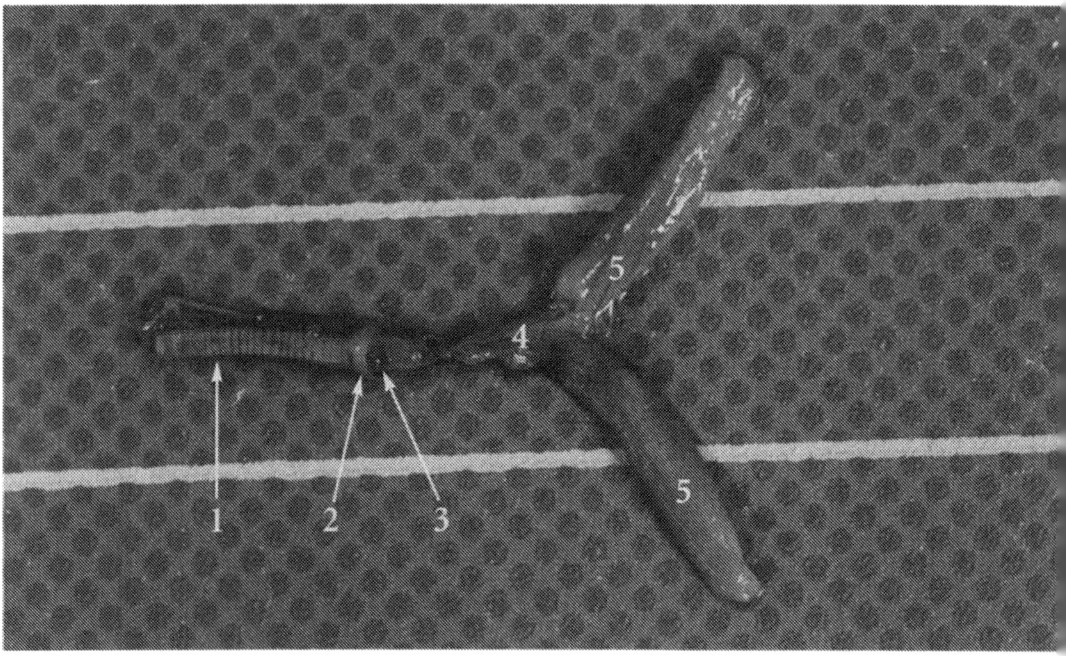

Fig. 7. APPARATO RESPIRATORIO ISOLATO
La trachea (1) viene mantenuta pervia da spessi anelli cartilaginei; addossati ad essi si evidenziano timo (2) e tiroide (bronchi (4) proseguono nei polmoni (5): il destro appare sempre lievemente più sviluppato del sinistro.

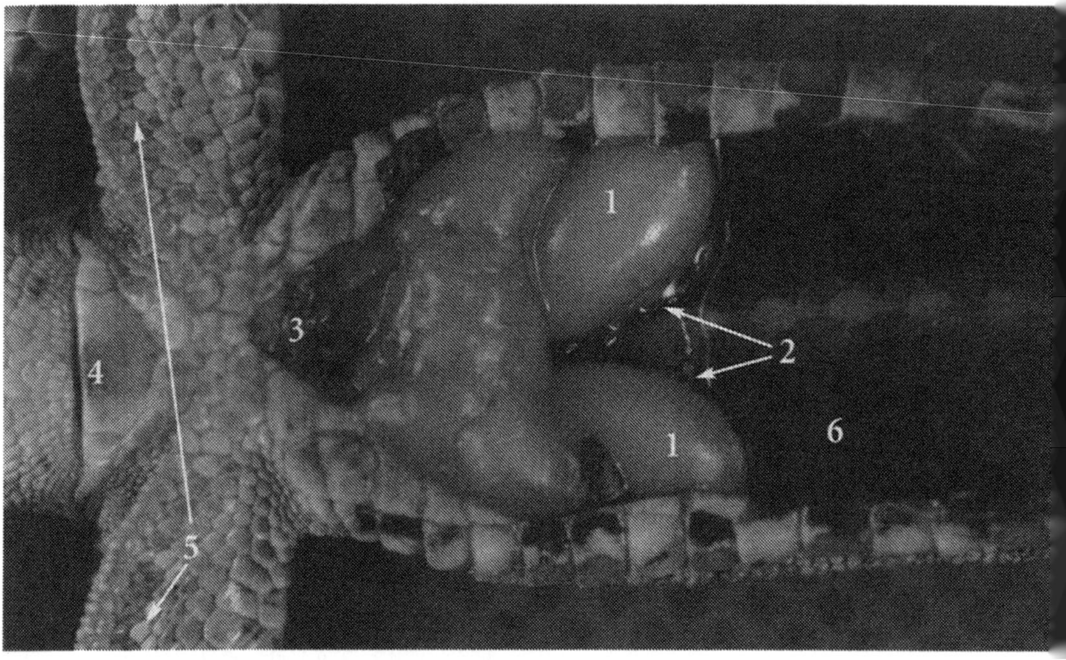

Fig. 8. APPARATO GENITALE MASCHILE
I testicoli (1) sono parzialmente coperti, l'epididimo è addossato al testicolo (2), la cloaca (3) posta posteriormente si a alla base dello scudo corneo (4). Sono evidenti i pori femorali (5). Più dorsalmente il rene (6).

Uccelli

Gli Uccelli, con i Mammiferi, sono i soli Vertebrati neotermi attuali. Molte delle caratteristiche anatomiche di queste due classi sono finalizzate proprio al mantenimento dell'omeotermia.

La pelle degli Uccelli ha un'epidermide corneificata ma sottile. In alcune zone del corpo, segnatamente a livello della cute che riveste il tarso-metatarso e le dita delle zampe posteriori, la cute è rivestita da squame cornee simili a quelle dei Rettili. Le ghiandole cutanee sono assenti, salvo un voluminoso corpo ghiandolare, la ghiandola dell'uropigio, localizzata all'apice della coda (codrione). Tutto il corpo degli Uccelli è rivestito da particolari annessi cutanei cornei: le penne e le piume, finalizzate al volo ed al mantenimento dell'omeotermia.

La bocca degli Uccelli attuali è priva di denti. La rima buccale è rivestita da un rigido involucro corneo: ranfoteca o becco.

La lingua è ben sviluppata, ma poco mobile perché rivestita da uno spesso strato corneo. L'esofago è lungo e spesso si dilata in un gozzo o ingluvie utile per l'immagazzinamento del cibo che qui viene ammorbidito dal secreto di numerose ghiandole. L'esofago segue lo stomaco, tipicamente diviso in due porzioni: lo stomaco ghiandolare (proventriglio) a parete sottile e con molte ghiandole secernenti il succo gastrico; lo stomaco muscolare (ventriglio), più caudale, con parete inspessita dal grande sviluppo della tonaca muscolare, atto a triturare il bolo alimentare parzialmente digerito nel proventriglio.

L'intestino medio è molto lungo e, di conseguenza, convoluto. Nel primo tratto (duodeno) sboccano i dotti del pancreas, piuttosto voluminoso, e del fegato, spesso bilobato e dotato di cistifellea. L'intestino terminale è corto e diritto e sbocca in un'ampia cloaca.

L'apparato respiratorio è caratterizzato da una lunga trachea che, al termine del suo decorso si biforca in due bronchi. Nel punto di biforcazione è collocato l'organo del canto (siringe). I polmoni, parenchimatosi ed altamente specializzati, sono connessi a sacche aerifere, non dotate di funzionalità respiratoria, espanse in varie zone del corpo.

Il sistema circolatorio è dotato di un cuore in cui il ventricolo è completamente settato. Dal cuore fuoriesce un'unica aorta che origina dal ventricolo sinistro e piega a destra a formare l'aorta discendente. Il rene è un tipico metanefro lobato i cui ureteri sboccano in cloaca. Non è presente una vescica urinaria. I testicoli sono piccoli ed ovoidali connessi a deferenti che sboccano in cloaca in vicinanza di una papilla erettile che funge da organo copulatore.

Nelle femmine si sviluppa solitamente un solo ovario, mentre l'altro rimane rudimentale. Gli ovociti maturi rilasciati dall'ovario vengono raccolti dall'ovidutto che li avvolge di annessi durante il loro tragitto verso la cloaca.

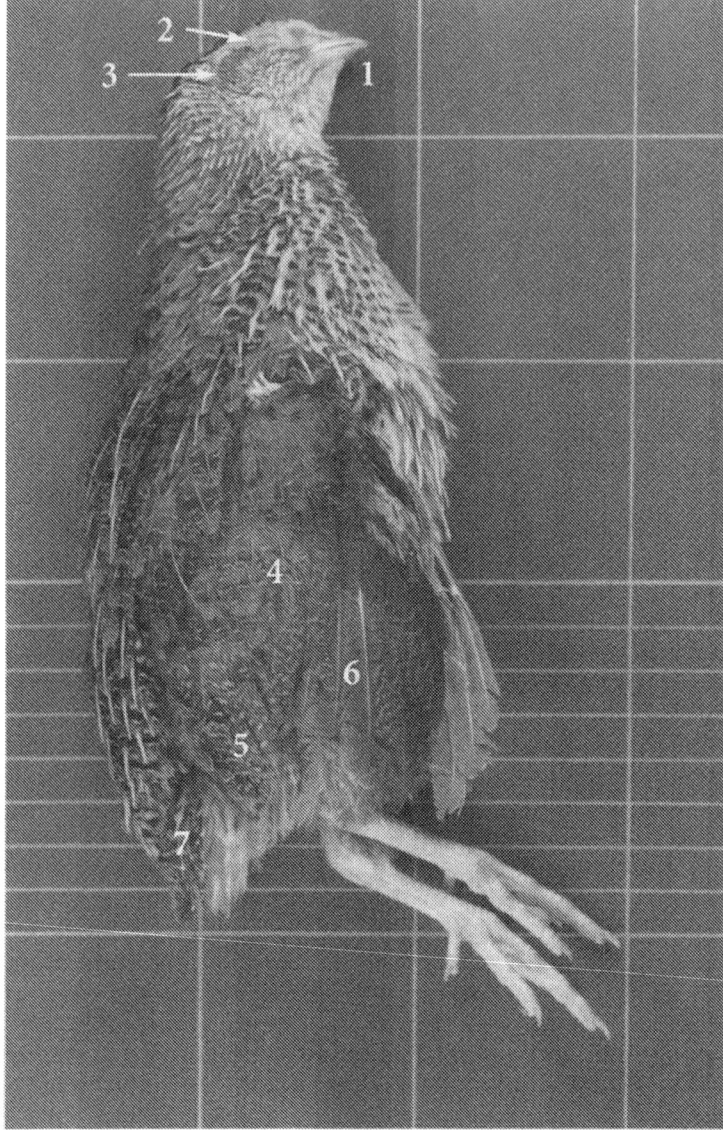

Fig. 1. ASPETTO ESTERNO
Visione laterale del corpo di un uccello (quaglia). Si notino l'aspetto diversificato della morfologia delle penne, più chi̇
sul ventre. La testa è piccola come pure il becco corneo (1) con cera nella porzione prossimale. Lateralmente sono ben v
bili: l'occhio (2), dove la palpebra inferiore è più estesa della superiore, poco dietro il meato uditivo (3) ricoperto da p
maggio più scuro. L'ala si presenta ricoperta di penne: copritrici alari (4), remiganti primarie (5), remiganti secondarie
e le corte copritrici caudali (7).

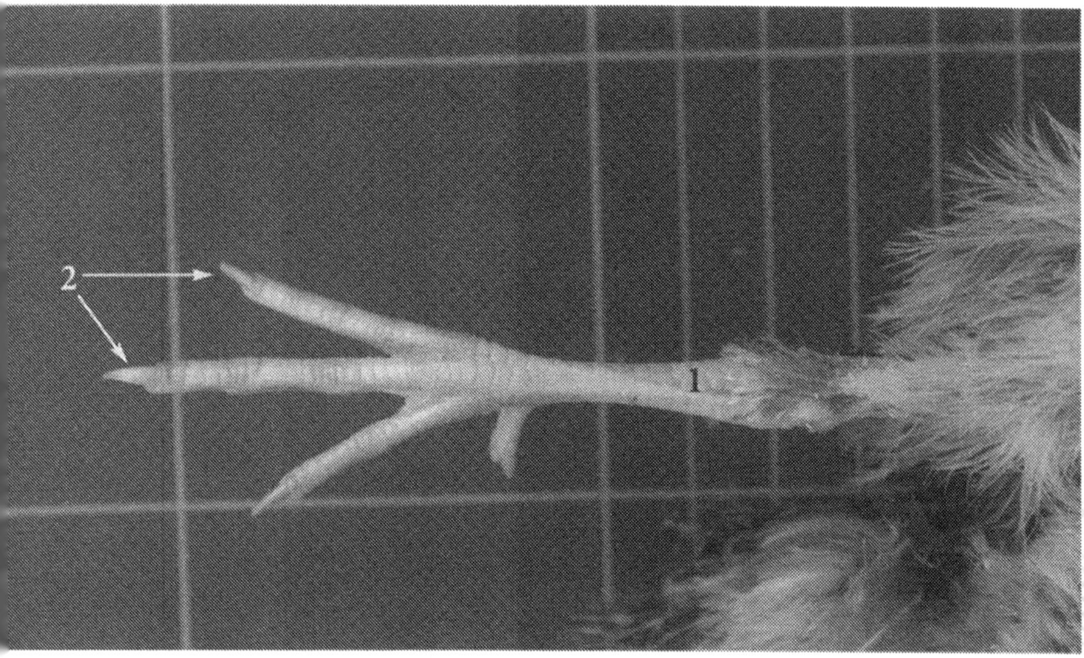

2. ASPETTO ESTERNO DORSALE DELLA ZAMPA

[regi]one dorsale della zampa destra di uccello. La zona del tarso-metatarso (1) e le quattro dita sono ricoperte da squame [cor]nee. La numerazione delle dita parte dal primo dito posteriore e prosegue in senso orario fino al quarto (più esterno). [Son]o ben evidenti gli artigli (2).

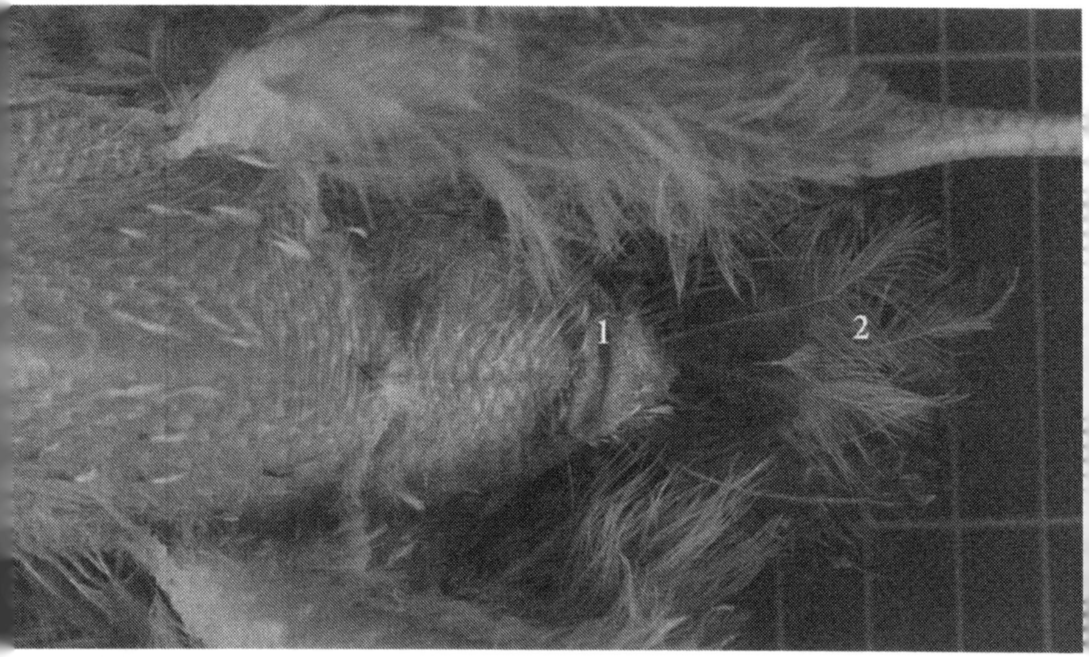

3. ASPETTO ESTERNO VENTRALE DELLA CODA

[La] porzione ventrale caudale della quaglia è visibile dopo una parziale spiumatura. Nella regione del codrione sono visibili: [la c]loaca (1) e le penne copritrici caudali (2).

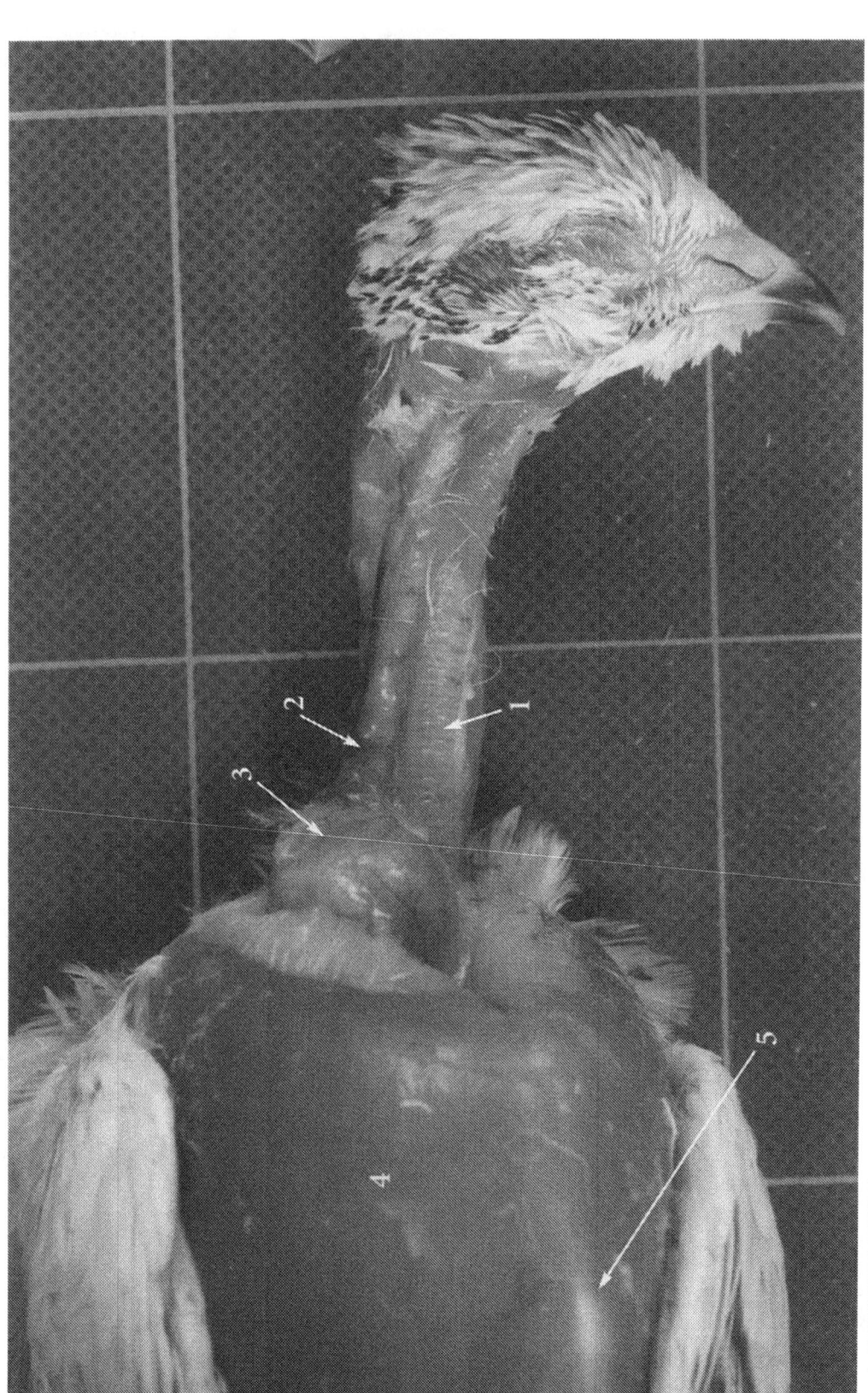

Fig. 4. REGIONE FARINGEA

Asportati i lembi di pelle che ricoprono il collo sono visibili: trachea (1); esofago contenente semi (2); ingluvie (3) è ben visibile la notevole muscolatura toracica (4) che dava inserzione alle ali.

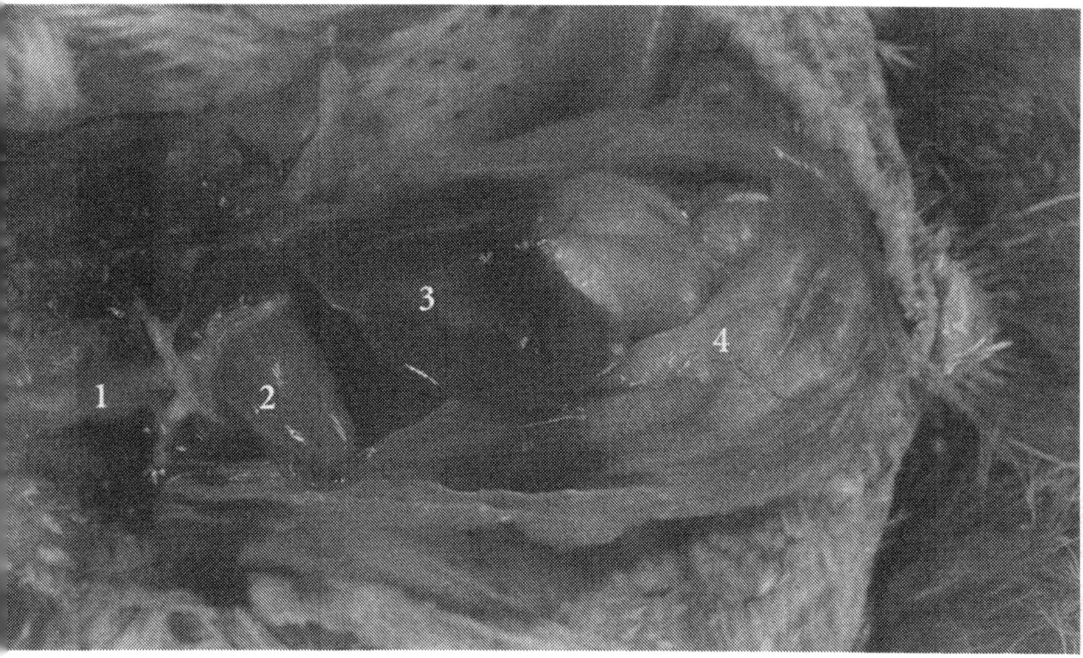

5a. REGIONE TORACO-ADDOMINALE
[Do]po l'asportazione dei muscoli pettorali e delle ossa sternali, la regione toracica presenta la parte terminale della trachea [(1),] il cuore (2) occupa la porzione centrale del torace e si estende fino ad appoggiarsi sul fegato (3). Nella regione addomi[nal]e è osservabile il pacchetto intestinale (4).

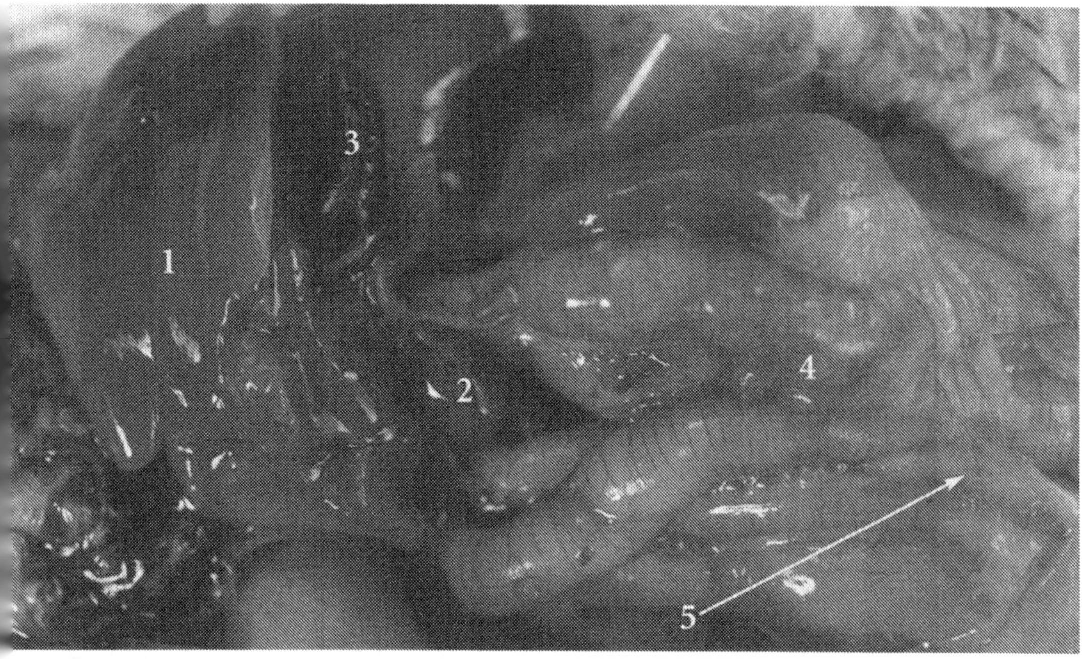

5b. REGIONE TORACO-ADDOMINALE
[Tra] i lobi del fegato (1) sono visibili la milza (2) e la cistifellea (3). Nella regione addominale sono osservabili il pacchetto in[tes]tinale (4) e il pancreas (5).

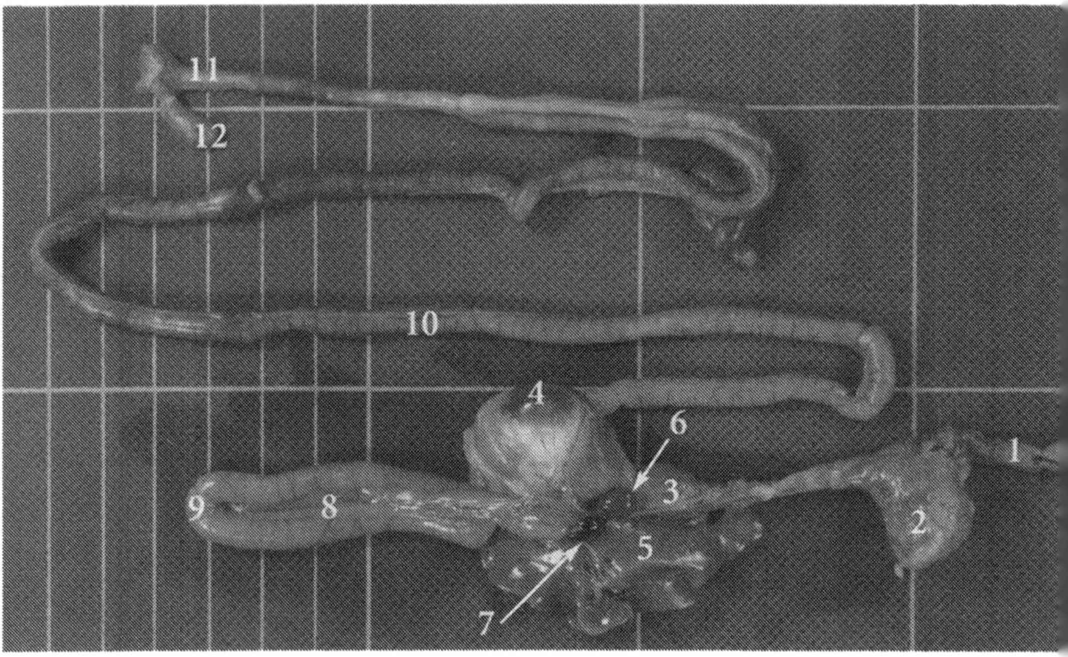

36 · Uccelli

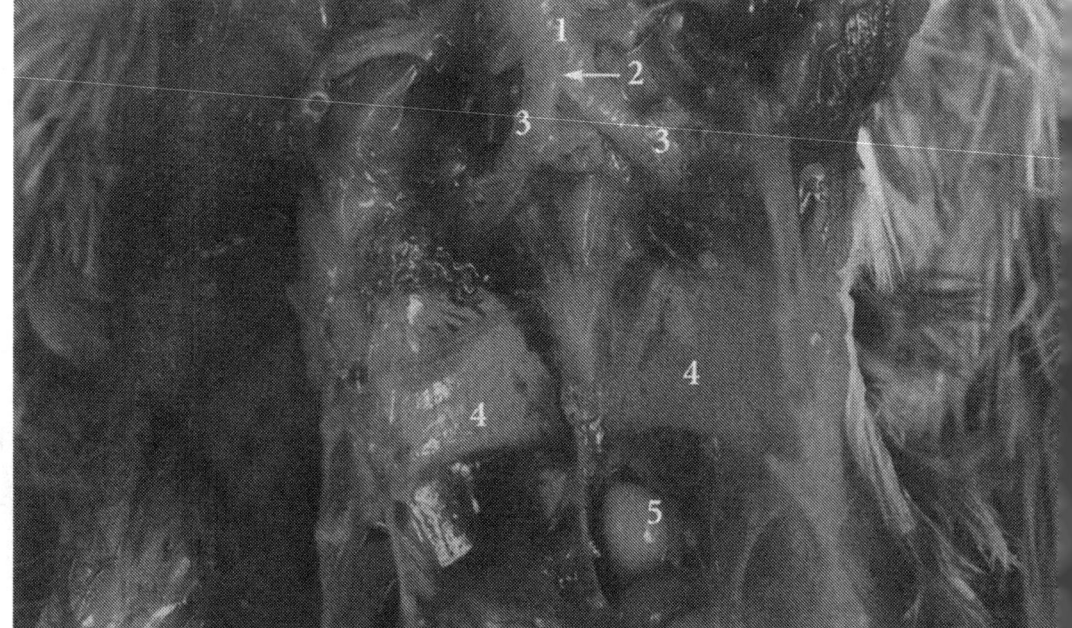

Fig. 6. TUBO DIGERENTE
Tubo digerente isolato. Si riconoscono: l'esofago (1); l'ingluvie (2); lo stomaco ghiandolare (3) e lo stomaco masticato ventriglio (4). Sono visibili anche il fegato (5), la milza (6), la cistifellea (7) e il pancreas (8) teso tra le anse del duodeno L'intestino medio si continua per un lungo tratto senza cambiare spessore (10) e la porzione terminale continua nel r (11) che presenta un cieco intestinale (12).

Fig. 7. POLMONI
Asportato il tubo digerente con le ghiandole annesse e il cuore è possibile evidenziare la porzione terminale della trac (1), il siringe (2), che si biforca per dare origine ai bronchi (3). I polmoni (4), relativamente piccoli, rappresentano solo parte del peculiare apparato respiratorio degli uccelli, completato dalle sacche aerifere anteriori e posteriori. È inoltre v bile il testicolo sinistro (5).

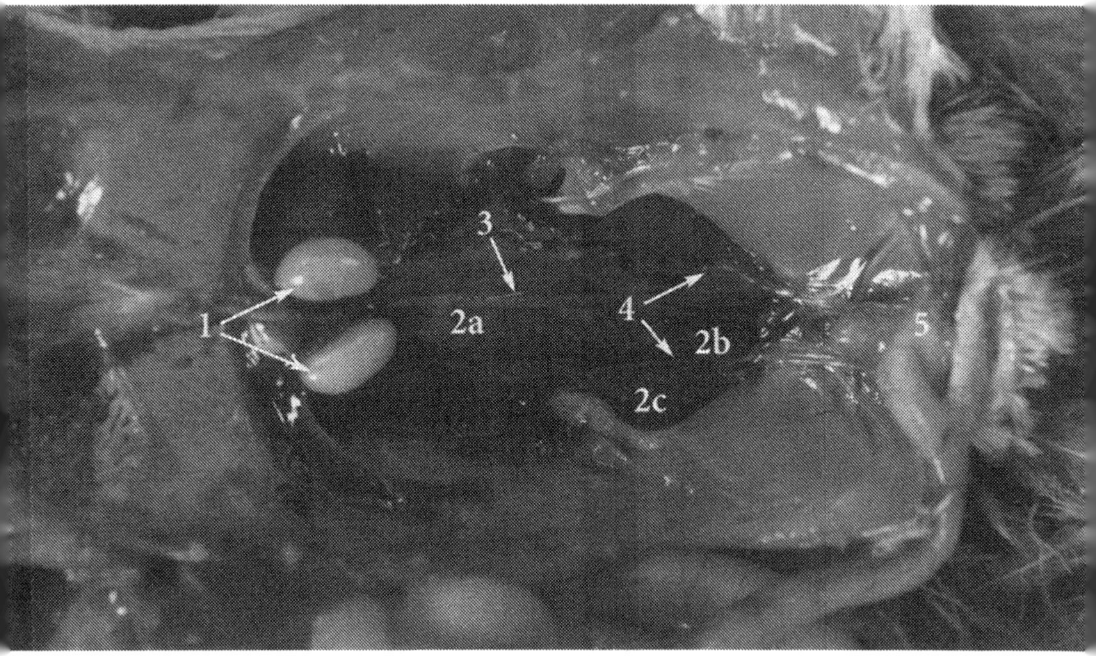

8a. APPARATO UROGENITALE MASCHILE

I testicoli sono di forma ovoidale e di colore biancastro (1). I reni (2), che corrono nelle insenature del sinsacro, sono trilobati (2 a, b, c) e separati medialmente dall'arteria aorta (3), lateralmente ad essa si notano i dotti deferenti (4) che confluiscono nella cloaca (5).

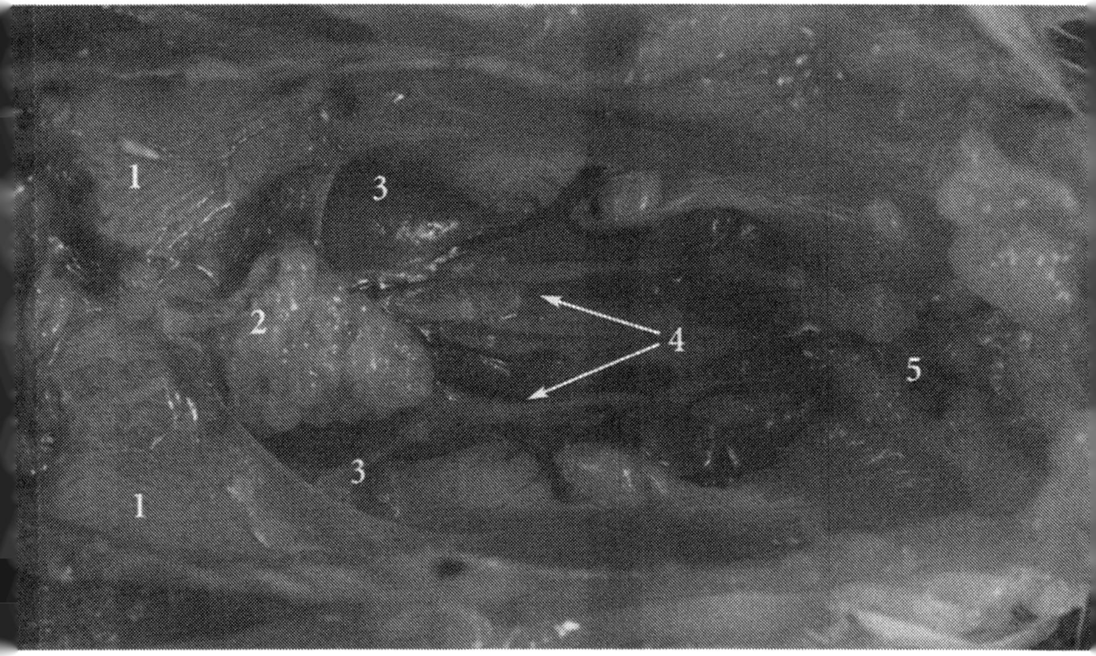

8b. APPARATO UROGENITALE FEMMINILE

Nella femmina, sotto i polmoni (1) è sviluppato il solo ovario sinistro (2) dove è possibile osservare le uova a diverso stadio di maturazione che gli conferiscono l'aspetto a grappolo d'uva. Sono visibili i metanefri (3) e gli ureteri (4) che convergono nella cloaca (5).

Mammiferi placentati

La caratteristica più evidente della cute dei Mammiferi è la presenza di peli, derivati cornei non omologhi alle penne degli Uccelli, ma che svolgono in parte le stesse funzioni, almeno per quanto concerne il mantenimento della omeotermia. Squame cornee di tipo rettiliano sono presenti ancora in alcune specie frammiste ai peli: nei pangolini o sulla coda dei Roditori. La pelle dei Mammiferi è molto ricca di ghiandole a diversa funzione: sudorifere, sebacee e mammarie.

Il tubo digerente inizia con una bocca dotata di labbra carnose, guance, denti a forma e funzioni diverse (eterodontia) e lingua muscolosa molto mobile. Si continua con un lungo esofago che si apre in un ampio stomaco in cui si riconoscono biologicamente diverse porzioni: esofagea, cardiale, del fondo, pilorica.

L'intestino medio (intestino tenue) è molto lungo e avvoluto e vi si distinguono tre tratti: il duodeno, che forma un'ansa in cui è accolto il pancreas, il digiuno e l'ileo. Nel duodeno sboccano sia il dotto pancreatico che il dotto coledoco proveniente dal grosso fegato. L'intestino terminale (intestino grosso) comprende un colon dilatato ed un retto.

L'apparato respiratorio inizia con le cavità nasali che si aprono all'esterno con le narici e sboccano dietro l'istmo delle fauci nel corto faringe che si continua nella laringe. Questa struttura, che contiene le corde vocali, è connessa ad una lunga trachea. Questa si divide in due bronchi che penetrano ciascuno in un polmone parenchimatoso di tipo alveolare.

Il cuore, come quello degli Uccelli, è diviso in due atri e due ventricoli. L'aorta esce dal ventricolo sinistro e piega a sinistra per formare l'aorta discendente.

I due grossi reni, hanno forma a fagiolo con un ilo dilatato in un bacinetto che si prolunga nell'uretere. I due ureteri sboccano nella vescica urinaria.

I testicoli sono quasi sempre contenuti in due sacche scrotali extraddominali e sono collegati ad un epididimo che si continua nel dotto deferente che sbocca nell'uretra peniena.

Gli ovari sono parenchimatosi con follicoli oofori superficiali. Ciascun ovario è in rapporto con un oviducto che, nella porzione distale si differenzia in un utero unico (Primati) o in due uteri che sboccano nella vagina.

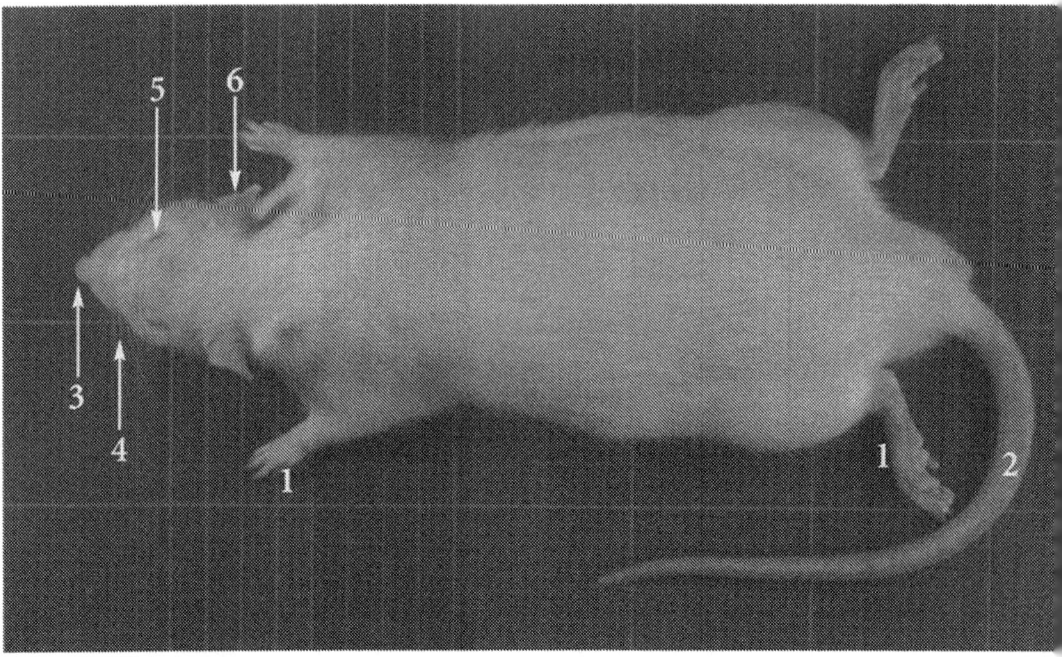

Fig. 1. ASPETTO ESTERNO DORSALE (MASCHIO)
Visione dorsale del Mammifero *Rattus norvegicus* (ratto). Si noti l'aspetto triangolare della testa, seguita da un tozzo c
La cute, provvista di peli, è nuda sulla parte distale degli arti (1) e provvista di squame sulla lunga coda (2). Si possono
identificare a livello del capo il naso (3), lateralmente al quale spiccano lunghe vibrisse (4), gli occhi (5) e i voluminosi p
glioni auricolari (6).

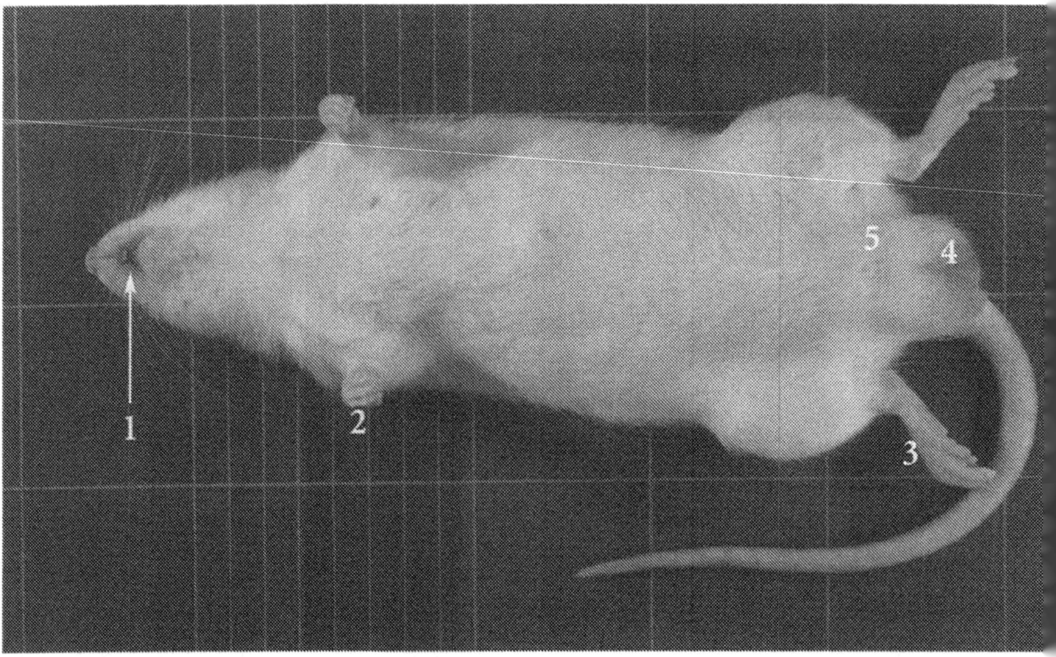

Fig. 2. ASPETTO ESTERNO VENTRALE (MASCHIO)
Visione ventrale del maschio. La bocca (1) è provvista di denti, dei quali sono visibili gli incisivi superiori ed inferiori, a
scita continua nei Roditori. Si noti come nel ratto la mandibola risulti di dimensioni ridotte rispetto alla mascella. Gli
anteriori (2) sono corti, provvisti di quattro dita complete più un dito vestigiale; gli arti inferiori (3), più lunghi, sono p
visti di cinque dita (si notino anche le unghie). A livello pubico sono evidenti la borsa scrotale (4) ed il pene (5), a livell
quale sbocca l'uretra. L'ano non è visibile in quanto nascosto, in questa immagine, dallo scroto.

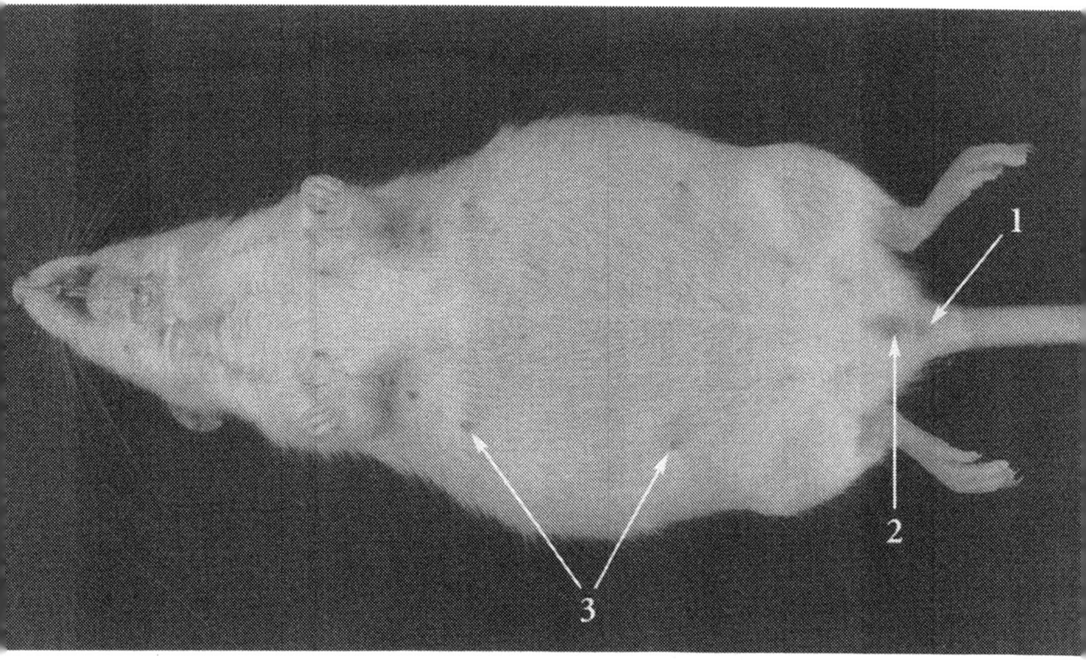

3. ASPETTO ESTERNO VENTRALE (FEMMINA)

Alla base della coda si può osservare l'ano (1), mentre più ventralmente è visibile la papilla urogenitale (2), con gli sbocchi separati di vagina ed uretra. L'addome appare rigonfio in quanto la femmina è gravida. Sui lati dell'addome sono, infine, ben identificabili i capezzoli (3), disposti lungo le due linee mammarie pari che corrono tra l'arto anteriore e l'arto posteriore.

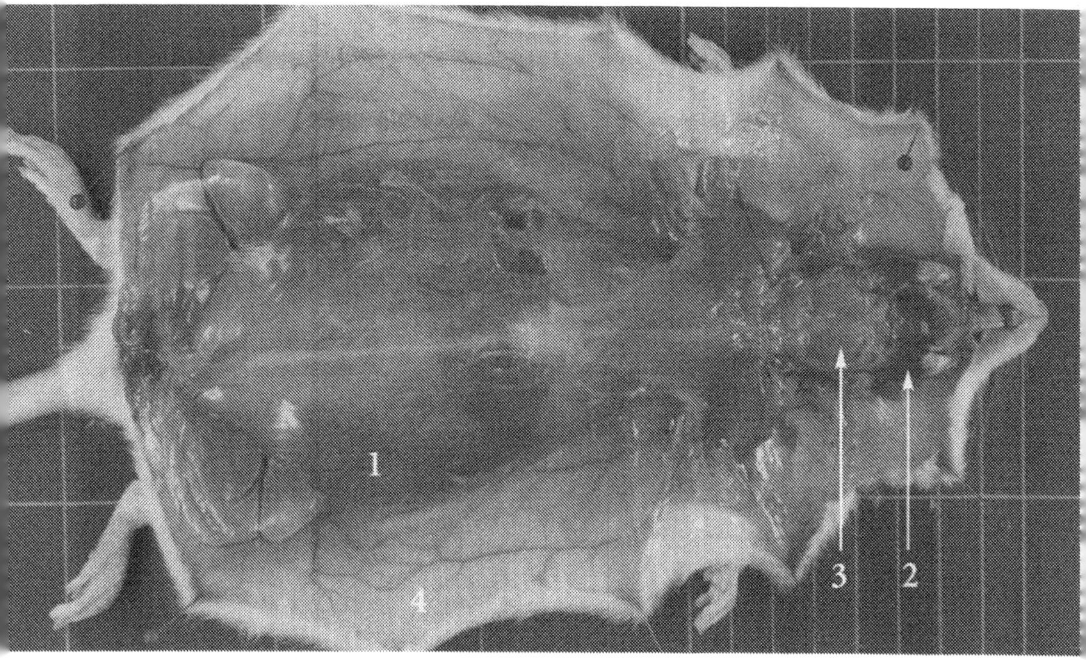

4. ASPETTO VENTRALE DOPO INCISIONE DELLA CUTE

Eseguito ad incisione della cute, è possibile mettere a nudo la parete muscolare (1) del corpo dell'animale. A livello del collo spiccano i muscoli masseteri (2) e sono riconoscibili le ghiandole salivari sottomascellari (3). La cute appare riccamente vascolarizzata. Si noti, infine, la struttura diffusa della ghiandola mammaria (4), alloggiata nella tela sottocutanea.

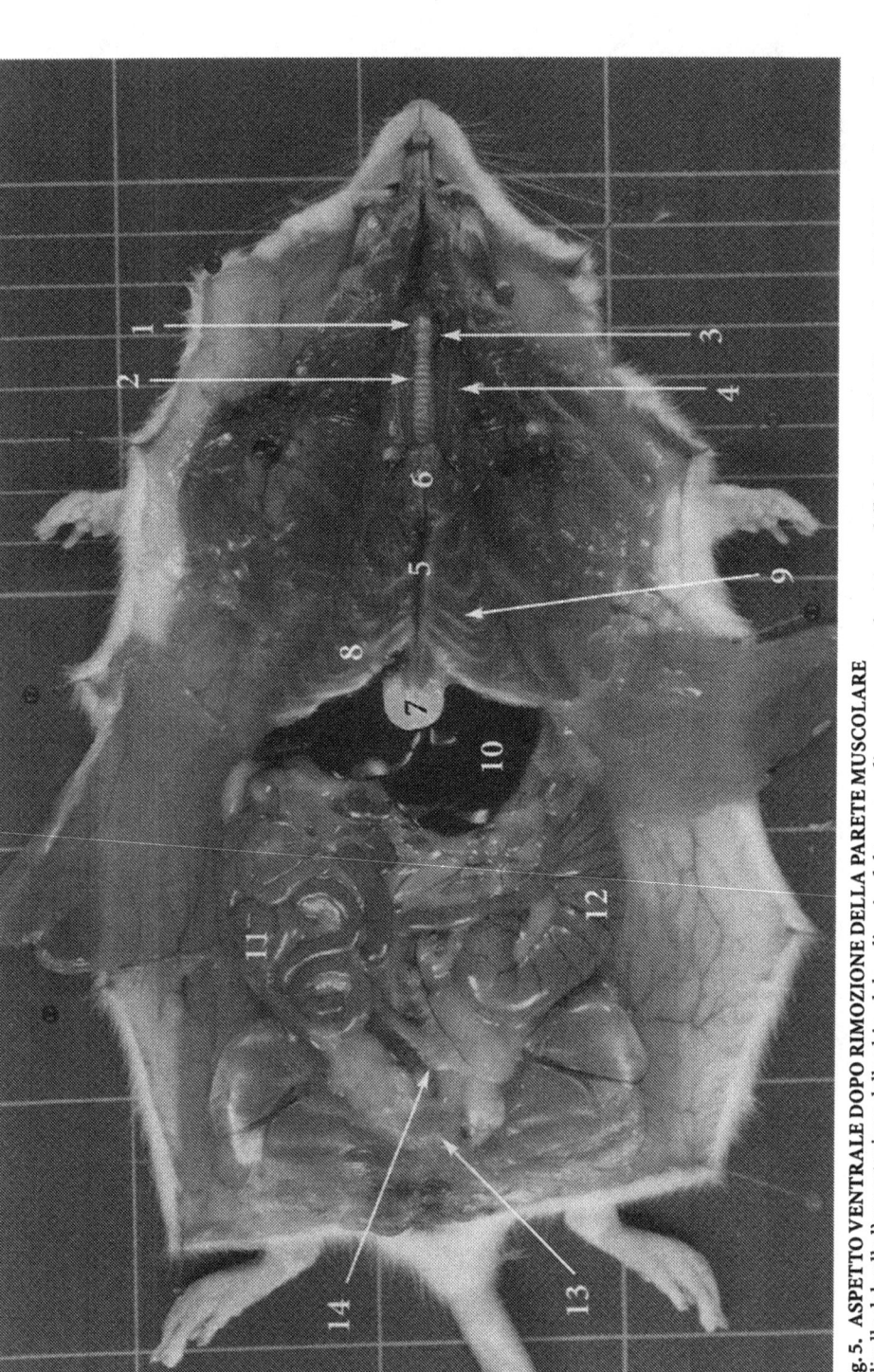

Fig. 5. ASPETTO VENTRALE DOPO RIMOZIONE DELLA PARETE MUSCOLARE

A livello del collo l'asportazione delle ghiandole salivari e del tessuto adiposo permette la visione della laringe (1), della trachea (2) (della quale sono ben identificabili i semianelli cartilaginei chiari). Ai lati della trachea si osservano la ghiandola tiroide (3) e le arterie carotidi comuni (4). La gabbia toracica, ancora chiusa, è costituita dallo sterno (5) [di cui si identifica la porzione del manubrio (6) e il processo xifoideo (7)], dalle coste (8) (tredici nel ratto, di cui sette inserite sullo sterno) e dai muscoli intercostali (9). Più caudalmente, è visibile il pacchetto viscerale addominale, in cui si riconosce il fe-

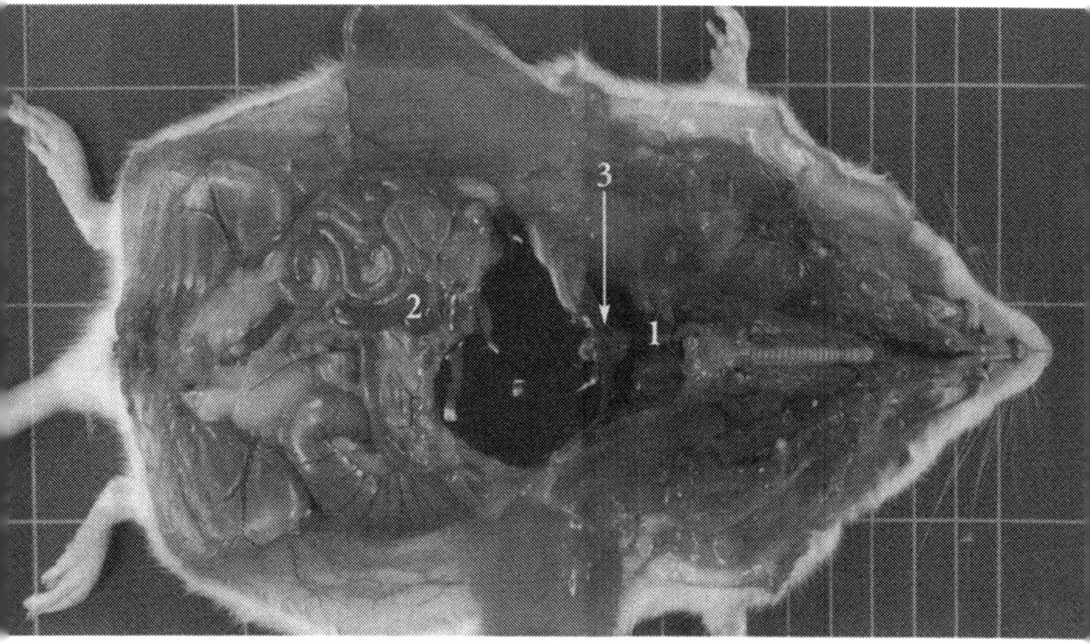

6a. CAVITA' TORACICA E CAVITA' ADDOMINALE
Per evidenziare i visceri toracici sono state tagliate le coste. L'immagine mostra i visceri toracici (1) ed addominali (2). Il muscolo diaframma (3), posto sopra il fegato, separa le cavità toracica ed addominale.

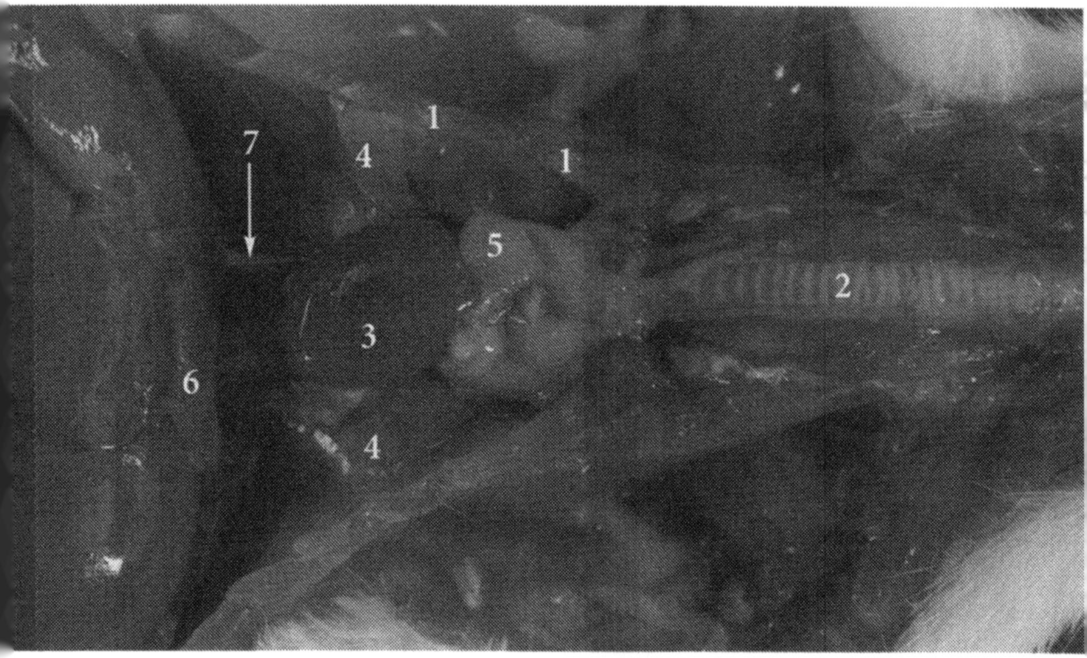

6b. CAVITA' TORACICA
Dopo aver tagliato le coste (1) si possono osservare la trachea (2), caratterizzata dai semianelli cartilaginei, il cuore (3), sito in posizione centrale del torace e con la punta del ventricolo rivolta a sinistra, i lobi polmonari (4) di destra e sinistra. Sopra il cuore è ben visibile il timo (5) (organo voluminoso in animali giovani come questo, diventa atrofico col progredire dell'età dell'animale). Come struttura di separazione tra torace ed addome troviamo il muscolo diaframma (6), attraversato dalla vena cava inferiore (7) che porta il sangue refluo dalla porzione inferiore del corpo all'atrio destro.

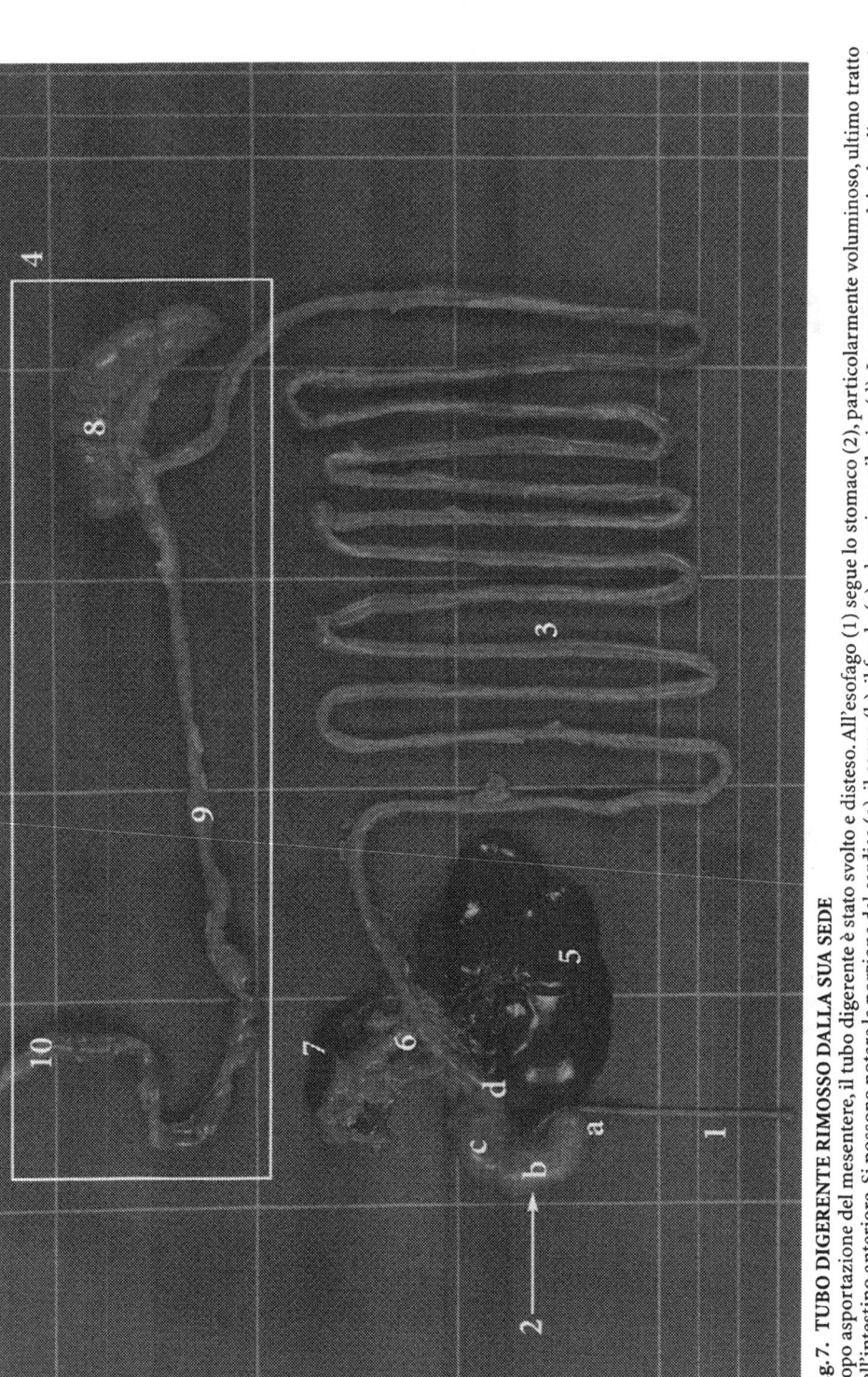

Fig. 7. TUBO DIGERENTE RIMOSSO DALLA SUA SEDE
Dopo asportazione del mesentere, il tubo digerente è stato svolto e disteso. All'esofago (1) segue lo stomaco (2), particolarmente voluminoso, ultimo tratto dell'intestino anteriore. Si possono notare la porzione del cardias (a), il corpo (b), il fondo (c) e la regione pilorica (d). La restante parte del tubo digerente è rappresentata dall'intestino posteriore, suddivisibile a sua volta in intestino tenue (3) e intestino crasso (4). L'intestino tenue (3) è di calibro relativamente ridotto e a superficie liscia. Con la semplice osservazione esterna non è possibile identificare le tre sezioni del duodeno, digiuno e ileo, riconoscibili solo all'analisi istologica. Connessi al primo tratto duodenale sono invece ben visibili fegato (5), pancreas (6) e milza (7). Il pancreas (6) è un organo relativamente poco compatto e a contorno irregolare. La milza (7), a classica forma falciforme, è di colore rosso cupo. L'intestino crasso (4) è costituito da un volumino-

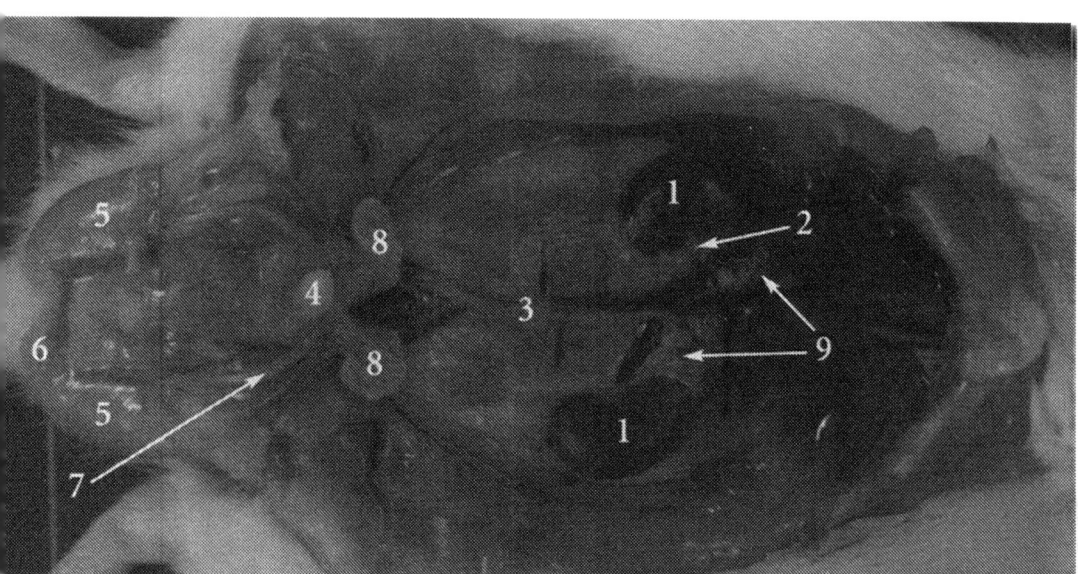

8a. APPARATO UROGENITALE NEL MASCHIO

...portazione del pacchetto intestinale permette la visualizzazione dell'apparato urogenitale.
...maschio sono visibili i reni (1), fisiologicamente posti in modo asimmetrico (quello di sinistra è più caudale). A livello ...'ilo renale (2) penetrano i vasi renali e si dipartono gli ureteri (3) che, percorrendo la parete addominale, giungono nel- ...escica urinaria (4). Grazie all'apertura della borsa scrotale sono visibili i due testicoli (5), a ciascuno dei quali segue l'e- ...idimo (6) ed il dotto deferente (7). Dopo aver attraversato il canale inguinale, il dotto deferente sbocca nelle vescichette ...inali (8), situate posteriormente alla vescica urinaria, nel punto in cui queste si riuniscono a formare il dotto eiaculato- ...he, infine, confluirà nell'uretra. Sopra ai reni sono riconoscibili le ghiandole surrenali (9).

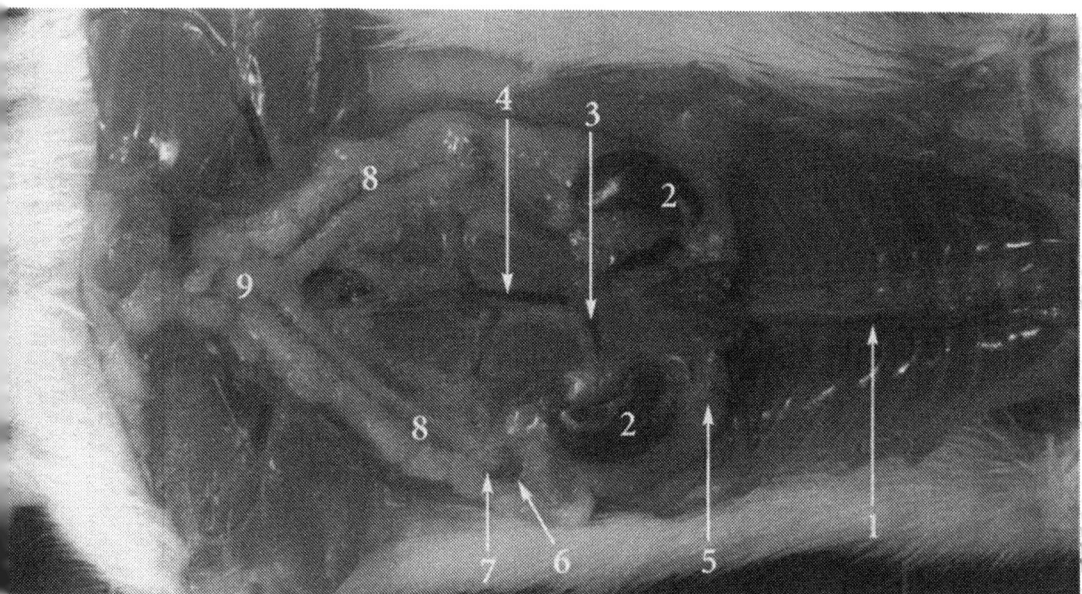

8b. APPARATO UROGENITALE NELLA FEMMINA

...portazione dei visceri toracici ed addominali permette l'analisi dell'apparato urogenitale e del decorso dei grossi vasi. ...vello toracico si riconosce la struttura lucida e chiara dell'aorta dorsale (1), che, seguendo la parete dorsale si spinge dal ...ce verso le porzioni più caudali del corpo. A livello addominale si riconoscono i reni (2), le vene renali (3), la vena cava ...riore (4), le ghiandole surrenali (5). Gli ovari (6) sono localizzati caudalmente ai reni. Ad essi sono associati gli ovidutti ...nel ratto avvolti a gomitolo, che si continuano con l'utero. L'utero, nei roditori, è bipartito, costituito cioè da due corni ...ini (8) solo parzialmente fusi nella porzione distale (9), prima dello sbocco nella vagina.

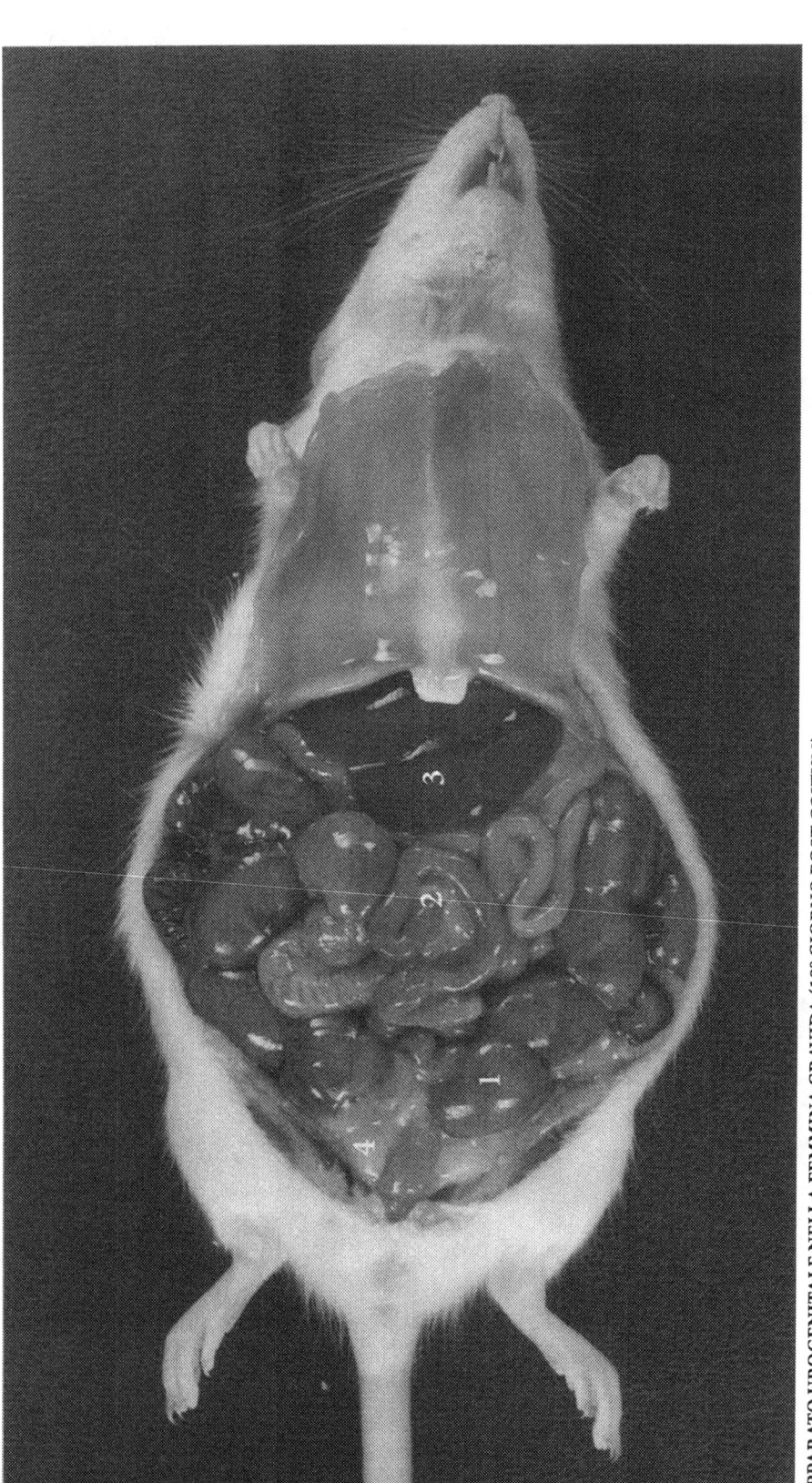

APPARATO UROGENITALE NELLA FEMMINA GRAVIDA (18° GIORNO POST COITUM)

La gravidanza, nel ratto, dura 21 giorni e permette lo sviluppo in media di 12-14 feti. In seguito all'impianto degli embrioni i corni uterini si modificano non solo per dimensioni ma anche per la loro vascolarizzazione e per la posizione che occupano nella cavità addominale.

Fig. 9a. CAVITÀ ADDOMINALE DI FEMMINA DI RATTO GRAVIDA

I corni uterini (1), dilatati ed allungati in seguito allo sviluppo embrio-fetale, occupano nell'addome una porzione più anteriore rispetto all'animale non gravido (Fig. 8b). Le

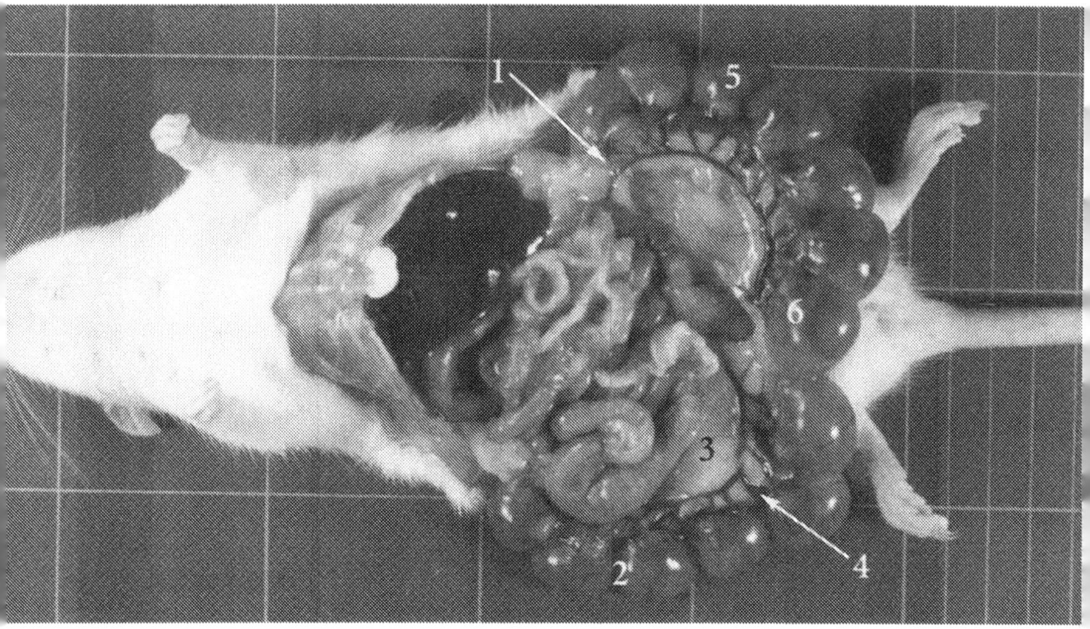

9b. CAVITÀ ADDOMINALE DI FEMMINA DI RATTO GRAVIDA DOPO DISTENSIONE DELL'UTERO

Questa immagine permette la visione dell'utero gravido nel suo complesso. Ovario (1), corno uterino (2), in cui sono alloggiati i feti. Si noti il mesometrio (3), membrana che mantiene l'utero sospeso alla parete addominale e convoglia i vasi uterini (4). Nella femmina gravida, l'utero aumenta notevolmente la sua vascolarizzazione, in particolare in rapporto ai singoli punti di impianto. La parete uterina, estremamente dilatata in seguito alla gravidanza, permette la visione in trasparenza dei singoli impianti. In particolare si osservino i feti avvolti dalle loro membrane extraembrionali (5) e le placente (6).

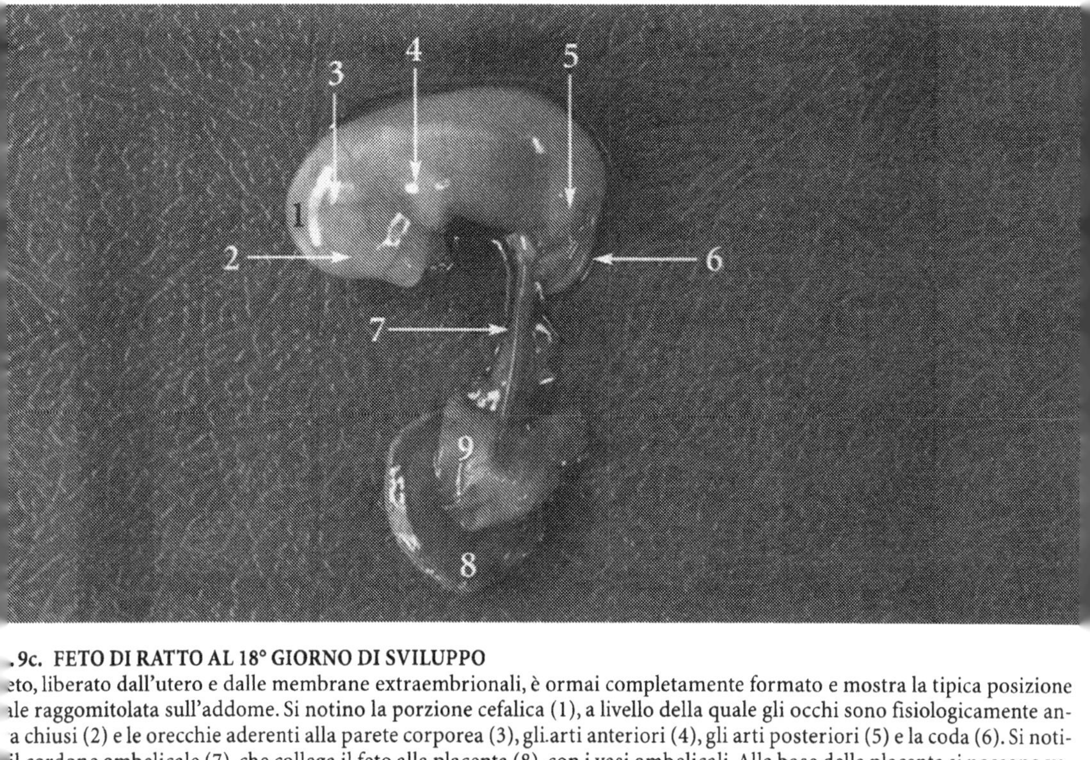

9c. FETO DI RATTO AL 18° GIORNO DI SVILUPPO

Il feto, liberato dall'utero e dalle membrane extraembrionali, è ormai completamente formato e mostra la tipica posizione fetale raggomitolata sull'addome. Si notino la porzione cefalica (1), a livello della quale gli occhi sono fisiologicamente ancora chiusi (2) e le orecchie aderenti alla parete corporea (3), gli arti anteriori (4), gli arti posteriori (5) e la coda (6). Si noti il cordone ombelicale (7), che collega il feto alla placenta (8), con i vasi ombelicali. Alla base della placenta si possono vedere parte delle membrane extraembrionali (9) (sacco vitellino e amnios) rimosse.

GPSR Compliance

The European Union's (EU) General Product Safety Regulation (GPSR) is a set of rules that requires consumer products to be safe and our obligations to ensure this.

If you have any concerns about our products, you can contact us on

ProductSafety@springernature.com

In case Publisher is established outside the EU, the EU authorized representative is:

Springer Nature Customer Service Center GmbH
Europaplatz 3
69115 Heidelberg, Germany

www.ingramcontent.com/pod-product-compliance
Lightning Source LLC
LaVergne TN
LVHW022037260326
834688LV00060B/880